全国高等职业教育市政与交通土建技术类专业应用型规划教材

市政与交通土建技术专业群毕业设计指南

主　编　李和志　黄美燕

副主编　吴敏之　周文芳　王晓芳

　　　　吴献丰　刘月亮　晏晟堃

主　审　曹孝柏　莫端泉

黄河水利出版社

·郑州·

内容提要

本书主要内容包括毕业设计的目的与要求、毕业设计基本流程、施工组织设计文件编制类毕业设计、施工方案编制类毕业设计、工程检验类毕业设计、工程测量类毕业设计、工程造价类毕业设计、毕业设计文本排版要求、毕业设计指导与管理系统使用说明、毕业设计常用参考资料及附录。

本文既可作为交通土建专业、道路桥梁工程技术专业、公路工程检测与工程监理专业教材，也可作为工程测量与公路工程养护等相关专业及有关路桥工程技术人员学习参考用书。

图书在版编目(CIP)数据

市政与交通土建技术专业群毕业设计指南/李和志，黄美燕主编.—郑州：黄河水利出版社，2019.8

ISBN 978－7－5509－2381－2

Ⅰ.①市…　Ⅱ.①李…　②黄…　Ⅲ.①市政工程－毕业实践－高等学校－指南②交通工程－毕业实践－高等学校－指南　Ⅳ.①TU99－62②U491－62

中国版本图书馆 CIP 数据核字(2019)第 105344 号

组稿编辑：贾会珍　电话：0371－66028027　E-mail：110885539@qq.com

出 版 社：黄河水利出版社

地址：河南省郑州市顺河路黄委会综合楼 14 层　　邮政编码：450003

发行单位：黄河水利出版社

发行部电话：0371－66026940、66020550、66028024、66022620(传真)

E-mail：hhslcbs@126.com

承印单位：河南承创印务有限公司

开本：787 mm×1 092 mm　1/16

印张：5

字数：116 千字　　印数：1—1 000

版次：2019 年 8 月第 1 版　　印次：2019 年 8 月第 1 次印刷

定价：20.00 元

前　言

高职市政与交通土建技术类专业的毕业设计是学生在毕业前的综合学习和训练阶段，是体现人才培养特色和加强学生专业能力综合训练的重要教学环节，也是学生毕业资格认定的重要依据。其目的是培养学生综合运用基础理论、专业知识和专业技能分析解决实际问题的能力，有利于提升学生的就业能力和创业能力。《市政与交通土建技术专业群毕业设计指南》是专门为市政与交通土建技术类专业教师指导毕业设计、学生开展毕业设计而编写的。按照湖南省教育厅关于毕业设计的要求和最新标准规范，明确毕业设计流程、类型、要求以及内容，列出毕业设计的参考文献，以便于教师指导毕业设计和学生开展毕业设计。

本书是2018年湖南城建职业技术学院教研教改项目《市政与交通土建专业群毕业设计指南》校本教材立项课题（编号：JC 2018309）的成果之一。

本书编写人员及编写分工如下：李和志编写第1章，李和志、黄美燕编写第2章，李和志、吴敏之编写第3章，吴敏之、黄美燕编写第4章，李和志、刘月亮编写第5章，吴献丰编写第6章，王晓芳编写第7章，黄美燕编写第8章，刘月亮编写第9章，周文芳编写第10章，晏晟堃编写附录1、附录2，本书由湖南城建职业技术学院李和志、黄美燕担任主编，由湖南交通职业技术学院吴敏之，湖南城建职业技术学院周文芳、王晓芳、吴献丰、刘月亮、晏晟堃担任副主编，由湖南城建职业技术学院市政与路桥工程系主任曹孝柏、湖南恒运建筑科技发展有限公司董事长莫端泉担任主审。全书由李和志负责统稿。

本书在编写过程中参考和引用了相关文献资料，在此对其作者表示衷心的感谢！

限于编者水平，书中难免存在疏漏和不妥之处，敬请广大读者批评指正。

编　者

2019年3月

目　录

第 1 章　毕业设计的目的与要求

1.1　毕业设计的目的

市政与交通土建技术专业群是按照“专业基础相通、技术领域相近、职业岗位相关、教学资源共享”的原则,以市政工程技术专业为核心,涵盖市政工程技术、道路桥梁工程技术、城市轨道交通工程技术等专业构成的专业群。

毕业设计是必修的综合性实践课程,是学生在毕业前的综合学习和训练阶段,是体现人才培养特色和加强学生专业能力综合训练的重要教学环节,也是学生毕业资格认定的重要依据。

毕业设计要求学生在教师或企事业单位工程技术人员的指导下,综合运用已学基础知识、专业知识和专业基本技能,独立、系统地完成一定工作量的课题任务。

毕业设计培养学生综合运用基础理论、专业知识和专业技能分析解决实际问题的能力,有利于提升学生的就业和创业能力,又能使生产现场新知识、新技术、新工艺、新标准、新产品、新方法等有效融入人才培养过程。具体来说,毕业设计的目的有以下几个方面:

(1)通过毕业设计使学生进一步巩固已学理论知识、操作技能和拓展专业知识面,使学生具有较强的自我学习能力。

(2)培养学生综合运用已学理论知识、操作技能,独立思考问题和分析、解决实际工程技术问题的能力。

(3)培养学生调查研究,收集资料,文献检索,查找和使用标准规范、工程手册等专业资料的能力。

(4)培养学生严谨踏实、吃苦耐劳的工作作风,勤奋努力、认真细致的工作态度,沟通协调、团结合作的工作能力。

(5)通过毕业设计答辩,培养学生在专业领域的语言表达能力。

1.2　毕业设计的基本要求

1.2.1　合理安排毕业设计时间

毕业设计应作为必修课程进入各专业人才培养方案,一般安排在毕业学年实施,包括选题、下达任务、组织实施、答辩、成绩评定、资料上交归档等环节,原则上集中安排,教学时长一般为 8 周左右,也可根据各专业的特点合理确定教学时长。

1.2.2 科学确定毕业设计任务

毕业设计选题应符合本专业培养目标,尽量贴近生产、生活实际,能体现人才培养方案的要求。毕业设计选题贴近生产、生活实际或来源于现场实际项目;设计任务具有一定的综合性和典型性;有助于培养学生综合运用所学的专业知识和专业技能解决专业领域中实际问题的能力。毕业设计任务书目的明确,任务具体,进程安排合理,成果表现形式得当。设计任务难易程度适当,合作完成的每个学生有独立完成的具体任务。

1.2.3 合理配备指导老师队伍

学校要配备数量足够、结构合理的指导老师队伍,指导老师一般应具有中级以上专业技术职务或具有一年以上相关专业实践经验,每位教师指导学生数原则上 10 人左右,最多不超过 15 人。第一次指导毕业设计的教师应配备有经验的教师协同指导。毕业设计指导由企业工程技术人员担任时,学校可同时安排校内教师负责毕业设计资料的收集与归档等任务。

1.2.4 完整组织毕业设计教学

教师根据毕业设计工作方案要求指导学生选题,向学生下达毕业设计任务并全程指导学生实施。学生应独立完成毕业设计任务,按下达的毕业设计任务书开展毕业设计,形成体现个人工作任务的毕业设计成果。学生完成毕业设计任务后,二级院系统一组织答辩。

1.2.5 明确毕业设计成果要求

毕业设计成果客观、真实、准确、完整,符合国家或行业标准,表达(计算)合理准确。能体现本专业新知识、新技术、新工艺、新材料、新方法、新设备。毕业设计成果文档结构完整、要素齐全、排版规范、文字通畅。

1.2.6 严格考核毕业设计成果

毕业设计考核应涵盖学生完成任务的过程、成果、答辩表现、毕业设计资料提交与上传等。过程评价主要考核学生是否完整地执行毕业设计实施计划,成果评价主要考核其科学性、规范性、完整性和实用性,答辩表现评价主要考核学生对设计任务的整体把握能力和回答问题的准确性。毕业设计资料提交与上传考核要求学生按照要求完整提交和上传毕业设计相关资料。

1.3 毕业设计对指导老师的要求

(1)指导老师应思想端正,作风正派,有较高的专业水平和实践经验,一般应具备中级以上职称或具有 1 年以上相关专业实践经验。可以聘请经验丰富的施工、设计、科研单位的技术人员担任指导老师。对于在实际工程单位进行毕业设计且由该单位技术人员负责指导的课题,院系应该配备校内指导老师,负责联系和指导,掌握毕业设计选题、任务,了解进度,以保证毕业设计质量。毕业设计指导老师资格应通过相关部门审核认可。

(2)指导老师在拟定课题名称、编制任务书、制订指导计划时应充分考虑对学生的培养要求,任务难度适合,任务量适中,要针对学生的不同特点加以分类指导。在毕业设计的指导过程中,要把德育、职业素养培养放在首位,严于律己、为人师表,充分凝练毕业设计过程中的课程思政元素,加强学生思想政治工作,教育学生遵守各项规章制度,培养学生严谨踏实、吃苦耐劳的工作作风,勤奋努力、认真细致的工作态度,沟通协调、团结合作的工作能力。

(3)指导老师要充分保证对学生毕业设计的指导时间,抓好关键环节的指导工作。不能对学生不管不问、放任自流,也不能包办代替,要充分调动学生的积极性,充分发挥学生的主动性和创造性,使学生具有较强的自学能力。

(4)指导学生明确毕业设计任务,做好毕业设计过程指导、考核工作,组织毕业设计答辩,检查学生提交和上传的毕业设计资料,评定学生毕业设计成绩。

(5)协助毕业设计资料的汇总归档,总结分析工作。

1.4　毕业设计对学生的要求

(1)学生根据指导老师下发的毕业设计任务书以及其他相关资料,以严谨、细致、认真、求是的学风,按要求完成毕业设计工作。

(2)态度端正,每位学生必须参加毕业设计的各个环节。学生无故旷课、迟到、早退按照有关规定进行处理。对于事假,严格按照请假流程办理。

(3)按时完成各环节的任务,不得弄虚作假或者抄袭他人成果。

1.5　毕业设计工作的管理

1.5.1　明确毕业设计工作职责

学校要高度重视毕业设计工作,明确责任部门负责毕业设计工作统筹、组织和协调。二级院系可成立毕业设计工作领导小组,编制详细可行的毕业设计工作方案,具体负责毕业设计工作的指导、实施和考核。

1.5.2　强化毕业设计工作常规管理

学校要制定毕业设计管理规定,明确毕业设计选题、实施流程和成果考核等方面的规范;建立毕业设计工作问责机制,加强对毕业设计工作的指导和监督。

1.5.3　建立毕业设计工作校企联动机制

学校要引进企业专家兼任毕业设计指导老师,逐步推行毕业设计“校内指导老师 + 企业指导老师”的“双导师”制。鼓励指导老师和学生参与企业项目和技术攻关,将企业的项目作为毕业设计任务。

1.5.4 建立健全毕业设计质量监控体系

学校要健全毕业设计质量内部监控体系，完善毕业设计质量监控标准，将毕业设计作为人才培养质量、教师绩效评价以及部门绩效考核等的重要内容。

第 2 章　毕业设计基本流程

市政与交通土建技术专业群毕业设计的基本流程一般分为 3 个阶段、13 个环节，具体如图 2-1 所示。

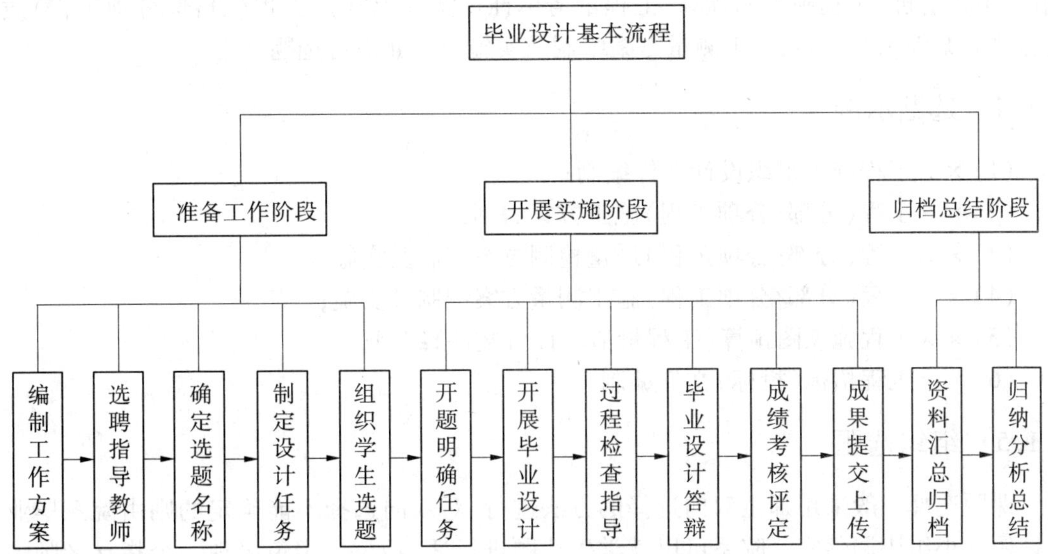

图 2-1　毕业设计基本流程

2.1　毕业设计选题

2.1.1　选题意义

选题是在获取大量资料进行分析研究后的基础上提出问题，确定毕业设计类型与目标，是顺利开展毕业设计的第一步而且是至关重要的一步。选题一般由指导老师提出，也可由学生提出但需经指导老师审核同意，所有选题应报所在院系批准。

选择合适的毕业设计题目主要包括三个方面：一是进行毕业设计必须有一个具体的题目；二是毕业设计任务的要求，选题必须有意义；三是要较好地完成毕业设计，要把握好选题的难易程度。

2.1.2　选题原则

(1)选题应符合本专业人才培养目标，有一定的综合性和典型性，能体现学生专业综合能力、职业素养和安全环保、创新协作等意识的培养要求。

(2)选题应尽可能地贴近生产实际问题或实际工程项目，提倡真题真做。选题应大小适中、难易适度,难易度和工作量应适合学生的知识和能力状况。

(3)毕业设计原则上做到“一人一题”,选题避免雷同。对于工作量大的课题,可分解为若干子课题。子课题工作量基本均衡,各子课题之间有关联但设计内容相对独立。任务书中应明确总课题和子课题名称,明确子课题的具体任务、目标等,成果不能雷同。

2.1.3 选题类型

毕业设计选题可以从工程项目的施工组织设计文件编制、分部(分项)工程施工方案编制、工程造价(工程施工图预算、工程量清单计价文件编制)、工程(分部/分项工程)质量检测方案编制及实施、施工测量方案编制及实施等方面进行选题。

2.1.4 选题示例

(1)××工程施工组织设计文件编制;

(2)××工程(分部/分项工程)施工方案编制;

(3)××工程(分部/分项工程)质量检测方案编制及实施;

(4)××工程(分部/分项工程)施工测量方案编制及实施;

(5)××工程施工图预算(工程量清单计价文件)编制;

(6)××工程招标(投标)文件编制。

2.1.5 组织选题

课题选择一般采用师生双向选择的方法进行,对双向选择不能确定的则由院系毕业设计领导小组协调落实。院系可以就学生选题进行适当调整,避免出现一个指导老师多选或者不选的情况,每位教师指导学生数原则上 10 人左右,最多不超过 15 人。

学生在题目选定后,原则上不得变更。若有正当理由要求更换题目的,须由学生提出申请,经指导老师同意,由二级院系主管领导审批。

2.2 明确毕业设计任务

2.2.1 指导老师制定任务书

指导老师按照人才培养方案、毕业设计教学大纲、教育厅以及学校对毕业设计的要求,结合实际情况制定毕业设计任务书,如表 2-1 所示。

毕业设计任务书制定要求:

(1)目的。毕业设计的目的要明确,忌笼统。应充分体现培养专业能力、综合能力和职业素养。

(2)具体任务与要求。毕业设计的任务要具体,忌空洞,要求要清晰,忌模糊。应尽量说清要做什么,需要完成哪些任务,需要完成的任务的具体要求。

(3)参考资料。参考资料是指导老师建议学生在毕业设计过程中需要阅读和用到的文献。列在任务书当中的参考文献应该具备实用性、代表性和时效性,能体现和毕业设计相关的最新技术和标准要求。参考文献可以包括教材、标准规范、图集、期刊文献、学位论文等。

表 2-1　________届毕业设计任务书

<table>
<tr><td>设计题目</td><td colspan="5">明德路 K0 + 000 ~ K0 + 500 路基工程质量检测方案编制及实施</td></tr>
<tr><td>指导老师</td><td colspan="5">×××、×××、×××</td></tr>
<tr><td>学生姓名</td><td>张三</td><td>学号</td><td>201602030405</td><td>专业</td><td>道路桥梁工程技术</td></tr>
<tr><td>目的与任务</td><td colspan="5">1. 目的
(1)让学生系统掌握方案的组成、编制方法,相关技术标准的合理运用;通过检测方案的实施,进一步掌握工程检测操作技能,解决工程的实际问题,达到为生产服务的目的。
(2)进一步巩固已学知识,提高学生方案编制能力、操作技能水平、文献检索能力和思考、分析、解决问题的能力。
(3)培养学生严谨认真、团结协作、精益求精等意识。
2. 具体任务与要求
(1)编制分项工程质量检测方案,包括编制依据,工程概况、进度安排、准备工作、检测方法及主要保证措施等内容,要求结构完整、要素齐全,表述符合国家或者行业标准。
(2)实施检测方案,要求操作符合要求、正确,相关记录表填写真实、准确、规范。
(3)数据整理,编制检测报告,要求方法正确,检测报告填写真实、规范。
(4)毕业设计成果提交与上传,按照《×××××系毕业设计成果提交与上传要求》执行</td></tr>
<tr><td>参考资料</td><td colspan="5">1. 颜安平,孙文友,钟永兵,等. 城镇道路工程施工与质量验收规范实施手册[M]. 北京:中国建筑工业出版社,2010.
2. 中华人民共和国住房和城乡建设部. 城镇道路工程施工与质量验收规范:CJJ 1—2008[S]. 北京:中国建筑工业出版社,2008.
3. 中华人民共和国交通运输部. 公路路基路面现场测试规程:JTG E60—2008[S]. 北京:人民交通出版社,2008.
4. 中华人民共和国住房和城乡建设部. 市政工程施工组织设计规范:GB/T 50903—2013[S]. 北京:中国建筑工业出版社,2013.</td></tr>
<tr><td>进度安排</td><td colspan="5">第 1 周:学习毕业设计相关文件,明确毕业设计任务和要求,熟悉施工图纸,收集毕业设计相关文献资料。
第 2 周:路基工程质量检测方案编制,完成第 1 次过程考核。
第 3 周:检测工作准备,检测相关试验仪器的熟悉与调试。
第 4 周:压实度、弯沉检测及数据整理,完成第 2 次过程考核。
第 5 周:路床宽度、路床纵断面高程、中线偏位、平整度检测及数据整理。
第 6 周:路床横坡、边坡检测及数据整理,完成第 3 次过程考核。
第 7 周:整理毕业设计资料,制作答辩 PPT,提交答辩申请。
第 8 周:答辩、毕业设计资料提交并将相关成果上传网络空间</td></tr>
</table>

续表 2-1

设计题目	明德路 K0 + 000 ~ K0 + 500 路基工程质量检测方案编制及实施				
指导老师	×××、×××、×××				
学生姓名	张三	学号	201602030405	专业	道路桥梁工程技术
预期成果及表现形式	1. 明德路 K0 + 000 ~ K0 + 500 路基土石方工程质量检测方案。 2. 检测实施记录表、报告等				
教研室主任审签	年　月　日				
系主任审签	年　月　日				

(4)进度安排。进度安排要合理，工作量适中。具体到每周该完成什么内容，包括明确任务、开展实施、过程考核、答辩申请、组织答辩、成绩评定、资料提交上传等毕业设计相关环节。

(5)预期成果及表现形式。市政与交通土建工程技术专业群毕业设计成果一般是一个完整的工程文件，如施工组织设计、施工方案、施工图预算、工程检测(测量)方案及实施、招标投标文件等。成果具体表现形式根据选题确定。

(6)指导老师在毕业设计任务制定前应和教研室老师进行必要的研讨，按照要求制定好毕业设计任务书之后，应提交教研室主任审核，最后提交院系领导审定，方可向学生下发毕业设计任务书。

2.2.2　学生明确毕业设计任务

学生明确毕业设计任务是毕业设计实施开展的第一个环节，而且是一个及其重要的环节。要求学生搞清楚、弄明白自己的课题要做什么，有什么要求，怎么做。指导老师可以通过毕业设计开题的方式检查学生毕业设计准备的工作和对毕业设计任务的了解程度。

指导老师在正式指导毕业设计开展之前有必要组织学生学习毕业设计相关政策文件，了解毕业设计考勤制度、毕业设计整体流程、毕业设计成绩评定办法、毕业设计资料提交与上传要求等。

2.3　开展毕业设计

学生在明确毕业设计任务后，进入开展毕业设计环节，应根据毕业设计任务书中的进度要求安排好毕业设计工作的进程。

(1)熟悉工程设计图纸内容，收集与毕业设计相关的文献资料，必要时可以开展相关调研。

(2)确定任务书中要求编制的施工文本的结构、段落安排。

(3)编制初稿。初稿尽量内容丰富,以便修改定稿,也要避免一味堆砌,无所取舍。编制相关表格,绘制需要的图纸。

(4)修改定稿。在指导老师的指导下对初稿进行必要的修改和完善。做到结构完整、内容丰富、层次分明、语言表述清晰、符合相关最新标准规范的要求。

2.4　毕业设计过程检查与指导

(1)有条件集中指导毕业设计的,指导老师应加强考勤和过程管理。对缺勤多的学生,应及时进行教育,必要时反馈给班主任、院系或者家长。

(2)指导老师定期检查学生毕业设计工作进展情况,及时解决存在的问题。对毕业设计进度滞后的学生,应加强督促,必要时将情况反馈给班主任、院系或者家长。对开展毕业设计困难的学生,应加强指导、多加鼓励。

(3)指导老师对学生的毕业设计要采取定期或不定期的过程考核。过程考核可以采用查看进度、检查阶段性成果、提问等方式进行。过程考核一般不少于 3 次,并做好记录。学生填写相关表格,指导老师写好评语和过程考核分,如表 2-2 所示。

表 2-2　毕业设计过程检查表(第　次)

课题名称					
学生姓名		学号		专业班级	
指导老师					
毕业设计的进度检查					
目前已经完成的内容					
尚须完成的内容					
存在的问题和拟采用的方法					
指导老师意见	签名:　　年　月　日				

2.5　毕业设计答辩

毕业设计答辩是检查学生毕业设计成果质量的一场“口试”。通过这一环节,答辩小组对学生毕业设计成果、答辩表现进行评分,有助于学生进一步总结毕业设计过程,提高其语言表达能力、应变能力和自信心,为参加工作打下良好的基础。

毕业设计答辩主要考查学生有关毕业设计的专业知识、操作技能等，这个环节实际上也是帮助学生总结提升的过程。教师要积极引导学生总结经验、分析成果，找出不足并提出改进方法，帮助学生将毕业设计过程中的所得转化为自己的知识和技能。

2.5.1　学生申请毕业设计答辩

缺勤率低于30%，过程考核平均分不低于60分并且学生在规定的时间内，按要求完成了毕业设计任务，可以进行毕业设计答辩申请，填写表2-3，提交给毕业设计指导老师。

表2-3　毕业设计答辩申请表

课题名称					
学生姓名		学号		专业班级	
指导老师					
申请理由					
是否完成毕业设计空间建设	是 □		否 □		
过程成绩评定					
是否同意答辩	是 □	修改后答辩 □		否（说明理由）□	
指导老师签名	年　月　日				

2.5.2　指导老师审核答辩资格

指导老师根据学生提交的毕业设计答辩申请表格，逐项核查相关资料，审核学生答辩资格，如缺勤率是否高于30%，过程考核成绩平均分不低于60分，毕业设计成果是否完成并符合要求，不存在抄袭、弄虚作假行为。对于审核不具备答辩资格的，应说明理由。指导老师将答辩审核结果提交答辩委员会。

2.5.3　学生准备毕业设计答辩

学生在通过答辩资格审查后，应及时准备答辩需要的相关材料。进一步梳理毕业设计思路、完善毕业设计成果、熟悉毕业设计相关专业知识、制作答辩汇报PPT、打印装订毕业设计文本等。学生的毕业设计答辩准备应充分，答辩PPT制作应美观简洁、结构完整、语言精练，必要时可以自发组织预答辩或者演练。

2.5.4　院系组建答辩委员会

毕业设计完成后，院系组织答辩，检查学生是否达到毕业设计的要求，在毕业设计答辩前，院系充分做好答辩前的各项准备工作，成立答辩委员会。

(1)毕业设计答辩工作由院系答辩委员会组织开展，审定学生答辩资格，公布通过答辩资格审查名单。

(2)答辩委员会一般由院系学术委员会成员、教学工作委员会成员与专家共同组成，人数为 5 人以上单数。

(3)答辩委员会下设若干答辩小组，具体负责毕业设计答辩工作。答辩小组至少由 3 名成员组成，设答辩小组组长 1 人，必要时可设答辩秘书 1 人。

(4)答辩委员会或者答辩小组成员应具备中级以上职称或者硕士以上学位。

(5)毕业设计答辩一般采用回避制度，即指导老师不参与自己指导学生的毕业设计答辩工作。

2.5.5　开展毕业设计答辩

(1)答辩委员会公布答辩工作相关安排，如答辩学生名单、答辩时间地点、答辩要求等。

(2)答辩小组组长宣布答辩开始，组织学生有序答辩。

(3)答辩人汇报毕业设计主要内容，时间一般控制在 10 min 左右。答辩小组成员对答辩学生的毕业设计材料、汇报情况进行评审。

(4)答辩小组提问，答辩人就所提问题进行回答，时间一般控制在 5 min 之内。答辩小组就学生的答题情况进行评分。

(5)答辩小组当面向学生就毕业设计成果以及答题情况进行点评，肯定其优点和长处，指出其缺点或者不足，并加以适当的补充和指导。

(6)答辩小组成员应做必要的答辩记录，填写毕业设计答辩成绩表，见表 2-4。

表 2-4　毕业设计答辩成绩表

课题名称					
学生姓名		学号		专业班级	
指导老师					
提问					
学生回答					
答辩评语	1. 学生陈述问题思路：☐清晰　☐较清晰　☐不清晰 2. 毕业设计成果：☐完整　☐需补充　☐不完整 3. 回答问题：☐正确　☐部分正确　☐错误 ☐经提示后能做出回答　☐未回答 其他：				
答辩成绩					
答辩教师签名	年　月　日				

2.5.6 毕业设计答辩注意事项

答辩小组成员在毕业设计答辩过程中应注意以下事项：

(1)实事求是，按照毕业设计教学大纲和成绩评定标准进行答辩成绩的评定。

(2)答辩时，评审答辩学生的毕业设计的完成质量，资料是否符合毕业设计要求，汇报情况以及答题情况。

(3)根据毕业设计要求，结合毕业设计涉及的专业知识进行提问。把握提问难易程度，提问方式可以有多种。

(4)答辩过程中尽量营造轻松和谐的气氛，使学生不要过度紧张，从而能反映学生的真实水平。

学生在答辩过程中应注意以下内容：

(1)答辩前应认真做好答辩的准备工作，对所学内容进行全面总结、认真梳理，列出汇报提纲，做好汇报 PPT。

(2)汇报时主要讲述毕业设计成果的要点，主题明确、层次分明、条理清晰、重点突出，注意把控汇报时间。

(3)答辩时不需要过度紧张，回答问题要把握要点。大胆回答，不懂的可以如实问答，切记不懂装懂、夸夸其谈。

2.6 毕业设计成绩评定

2.6.1 毕业设计评分组成

毕业设计应进行严格的考核并评定成绩。考核主要分平时考核、过程考核、成果考核、答辩等方面，均采用百分制，设置不同的权重。毕业设计评分组成及权重可参考表 2-5。

表 2-5 毕业设计评分组成及权重

序号	类别	考核内容	权重(%)
1	平时考核	考勤、态度	20
2	过程考核	过程考核平均分	30
3	成果考核	毕业设计完成情况	30
		1. 毕业设计存在相互抄袭，剽窃他人成果(包括完全雷同)，毕业设计总成绩为不及格。 2. 不按要求递交资料、上传网络空间，毕业设计总成绩为不及格	
4	答辩	汇报	10
		回答问题	10

2.6.2　平时考核

平时考核由考勤和学生态度两方面组成。学生缺课 1 课时扣 1 分，迟到、早退一次扣 0.5 分，每请假 2 次扣 0.5 分，缺勤 30% 以上此项成绩为 0 分，不予参加首轮答辩。学生对待毕业设计态度散漫者平时考核可直接计 60 分以下。

2.6.3　过程考核

毕业设计指导过程中，指导老师至少对指导学生进行 3 次过程考核，过程考核的内容包括进度检查、提问等并填写“毕业设计过程检查表”。具体评分标准见表 2-6。过程考核平均分低于 60 分者，不予参加首轮答辩。

表 2-6　过程考核评分标准表

序号	类别	评分标准	参考分值	分值权重(%)
1	进度检查	进度正常	90 ~ 100	50
		进度有滞后	60 ~ 89	
		进度滞后	0 ~ 59	
2	提问	回答准确、流利、思路清晰	90 ~ 100	50
		回答准确、欠流利	80 ~ 90	
		回答较完整	60 ~ 80	
		回答基本准确、欠完整	59 以下	
		回答错误或未回答	0	

2.6.4　成果考核

成果考核指的是指导老师对学生的毕业设计完成情况，答辩完成之后毕业设计资料纸质稿的上交、电子档的上交和上传网络空间等情况进行考核。

毕业设计纸质材料、电子档递交要求，毕业设计相关资料上传网络空间要求见表 2-7。

表 2-7　毕业设计材料递交、上传要求

序号	类别	清单	要求	备注
1	资料纸质稿电子档提交	任务书、过程考核表、答辩申请表、答辩成绩表、总成绩评定表、毕业设计文本、图纸等	纸质稿应分门别类装订成册。电子稿需按照先后顺序命名放在 1 个文件夹压缩之后发给指导老师	不按照要求递交毕业设计纸质材料、电子档和不按照要求将毕业设计相关资料上传大学生空间的，毕业设计总成绩直接记为不及格
2	资料上传	按省教育厅抽查要求	上传完整、清晰度高	

毕业设计成果评分标准见表2-8。

表2-8　毕业设计成果评分标准

评价指标	指标内涵	分值权重(%)
科学性(30分)	毕业设计成果客观、真实、准确、完整,符合国家或行业标准,表达(计算)合理准确	15
	引用的参考资料、参考方案等来源可靠	10
	能体现本专业新知识、新技术、新工艺、新材料、新方法、新设备	5
规范性(20分)	毕业设计成果文档结构完整、要素齐全、排版规范、文字通顺,表达符合国家或行业标准要求	5
	解决问题措施得当,实施过程规范,符合行业的规程要求	5
	数据核算准确,相关表格填写真实、正确,排版规范	5
	参考资料引用等标识规范	5
完整性(30分)	成果体现毕业设计任务书的规定要求	5
	毕业设计说明书完整记录方案编制的基本过程及其过程性结论。如施工组织设计方案中完整描述工程概况、施工总体部署、施工现场平面布置、施工准备、施工技术方案、主要施工保证措施等内容	15
	设计成果要素完备,能清晰表达设计内容	10
实用性(20分)	方案有针对性,能有效解决工程建设中施工、造价、工程检测(测量)等实际问题,有一定应用价值	10
	具有个性化特点,符合个案的实际情况	10

2.6.5　答辩评分

答辩评分标准见表2-9。

表2-9　答辩评分标准

序号	类别	评分标准	分值
1	汇报情况	汇报内容完整、逻辑性强;PPT制作美观;汇报者大方得体,思路清晰	90~100
		汇报内容较完整,有一定的逻辑性;PPT制作较好;汇报者思路较清晰,能较好地汇报成果	60~89
		汇报内容不完整、逻辑性不强;PPT制作一般;汇报者思路不清晰,不能较好地汇报成果	0~59

续表 2-9

序号	类别	评分标准	分值
2	答题情况	回答准确、流利、逻辑清楚	100
		回答准确、欠流利、逻辑较清楚	80～99
		回答欠完整、欠流利、逻辑较清楚	60～79
		回答基本准确，不流利	59 及以下
		回答错误或者不回答	0

2.7　毕业设计资料提交上传

毕业设计答辩完成之后，学生须向指导老师提交毕业设计相关资料的纸质稿和电子档，不按照要求提交资料的，毕业设计总成绩记为不及格。指导老师收齐学生上交的资料之后统一上交院系存档保管。

2.7.1　毕业设计资料提交

2.7.1.1　纸质稿材料的提交

纸质稿材料包括：任务书、过程检查表、答辩申请表、答辩成绩表、总成绩评定表、毕业设计文本和图纸等。其中，任务书、过程检查表、答辩申请表、答辩成绩表、总成绩评定表等按照顺序装订成册；毕业设计文本、图纸按照顺序胶装成册；若图纸较多，图纸可单独胶装成册。

以上材料按照要求装订或者胶装之后，统一放在填写好相关信息的文件袋中提交给指导老师。指导老师收齐之后提交给院系教学干事入库保存。

2.7.1.2　电子档材料的提交

电子档材料包括：任务书、过程检查表、答辩申请表、答辩成绩表、总成绩评定表、毕业设计文本和图纸等。

电子档材质制作与提交程序：

（1）学生将任务书、过程检查表、答辩申请表、答辩成绩表、总成绩评定表等纸质档采用高清手段扫描成照片格式，再转换成 PDF 格式。以上资料提交 PDF 格式。

毕业设计文本提交 word 格式，图纸提交 CAD 格式。

（2）建立文件夹，文件夹命名为“班级＋学号＋姓名”，如“路（公路）160102 班 201601020315 李四”，见图 2-2。

（3）将制作好的电子档材料放在按照要求命名的文件夹内。各材料顺序与命名方式见图 2-3。

（4）将文件夹压缩好之后以邮件的方式发送给指导老师，勿以 QQ 在线、离线或者微信等方式发送。指导老师将所指导学生的电子档统一放在一个文件夹内，文件夹命名为

城轨160102班201601020315王五
路（测绘）160102班201601020425赵六
路（公路）160102班201601020315李四
路（铁路）160102班201601020319张三
市政（城市）160102班201601020309朱九
市政（路桥）160102班201601020315刘七
五年制市政140102班201401020356钱二

图 2-2　文件夹命名格式示例

01.毕业设计任务书
02.毕业设计过程考核表
03.毕业设计答辩资料
04.毕业设计成绩评定表
05.毕业设计文本
06.毕业设计图纸

图 2-3　文件夹内文档命名格式示例

“20××届××模块毕业设计(指导老师姓名)”,然后提交给各小组组长,组长收齐之后统一发送给院系留档保存。

2.7.2　毕业设计资料上传

毕业设计资料上传是指学生将毕业设计任务书、过程资料、最终成果等资料上传到网络空间平台。

2.8　毕业设计资料归档

毕业设计资料是反映高职院校人才培养的档案资料,是教学类档案的重要组成部分。指导老师将学生的毕业设计资料纸质稿、电子档收齐之后,统一提交给院系归档保存。院校一般需保留近期三届的全部毕业生的毕业设计资料。

2.9　毕业设计分析总结

毕业设计资料归档之后,院系应该组织教研室、毕业设计指导老师进行毕业设计工作分析总结,总结经验,分析不足,为下一届开展毕业工作设计提供指导和借鉴。毕业设计分析总结一般包括毕业设计任务完成情况、成绩评定、突出的指导老师及学生情况和工作经验等。可评选出一定比例的优秀毕业设计和优秀毕业设计指导老师,以表彰先进,激励他人。

第 3 章　施工组织设计文件编制类毕业设计

施工组织设计是以市政与交通土建工程项目或单位工程为编制对象并用以指导施工的技术、经济和管理的综合性文件。若施工图设计是解决造什么样的构(建)筑物产品，则施工组织设计就是解决如何建造的问题。由于受构(建)筑物品及其施工特点的影响，每一个工程项目开工前都必须根据工程特点与施工条件来编制施工组织设计。

施工组织设计的基本任务是根据国家有关技术政策、建设项目要求、施工组织的原则，结合工程的具体条件，确定经济合理的施工方案，对拟建工程在人力和物力、时间和空间、技术和组织等方面统筹安排，以保证按照既定目标，优质、低耗、高速、安全地完成施工任务。

3.1　施工组织设计文件编制要求

3.1.1　施工组织设计编制原则

(1)符合施工合同有关工程进度、质量、安全、环境保护及文明施工等方面的要求。

(2)优化施工方案，达到合理的技术经济指标，并具有先进性和可实施性。对工期、费用、资源进行优化，科学安排施工顺序，合理布置现场、配置资源，实现均衡施工。

(3)结合工程特点推广应用新技术、新工艺、新材料、新设备。推广应用新技术、新工艺、新材料和新设备应按《建设领域推广应用新技术管理规定》(建设部令第 109 号)执行，并符合国务院建设或交通行政主管部门和省、自治区、直辖市人民政府建设或交通行政主管部门定期发布的“推广应用新技术和限制、禁止使用落后技术公告”和“科技成果推广项目”的有关规定。

(4)推广应用绿色施工技术，执行《关于印发〈绿色施工导则〉的通知》(建质〔2007〕223 号)，实现节能、节地、节水、节材和环境保护。例如，基坑施工封闭降水技术、预拌砂浆技术、透水混凝土等绿色施工技术。

3.1.2　施工组织设计编制要求

施工前应以施工内业为对象编制施工组织设计，并符合下列要求：

(1)施工组织设计应包括工程概况、施工总体部署、施工现场平面布置、施工准备、施工技术方案、主要施工保证措施等基本内容。

施工组织设计内容和顺序可参考以下目录编制。

第一章　工程概况

　第一节　编制依据

　第二节　工程简介

第三节　现场施工条件

第二章　施工总体部署

第一节　主要工程管理目标

第二节　总体组织安排

第三节　总体施工安排

第四节　施工进度计划

第五节　总体资源配置

第六节　专业承包项目施工安排

第三章　施工现场平面布置

第四章　施工准备

第五章　施工技术方案

第六章　主要施工保证措施

第一节　进度保证措施

第二节　质量保证措施

第三节　安全管理措施

第四节　环境保护及文明施工管理措施

第五节　成本控制措施

第六节　季节性施工保证措施

第七节　交通组织措施

第八节　构(建)筑物及文物保护措施

第九节　应急措施

(2)施工组织设计应由项目负责人主持编制。

(3)施工组织设计可根据需要分阶段编制。

3.2　施工组织设计文件编制内容

3.2.1　工程概况

工程概况应包括编制依据、工程主要情况及现场施工条件等内容。编制工程概况时，应准确、简洁，宜采用图表形式说明。

(1)施工组织设计的编制依据应包括下列主要内容：

①与工程建设有关的法律、法规、规章和规范性文件。

②国家现行标准和技术经济指标。

③工程施工合同文件。

④工程设计文件。

⑤地域条件和工程特点，工程施工范围内及周边的现场条件，气象、工程地质及水文地质等自然条件。

⑥与工程有关的资源供应情况。

⑦企业的生产能力、施工机具状况、经济技术水平等。

(2)工程主要情况应包括工程地理位置、承包范围、各专业工程结构形式、主要工程量、合同要求等。

鉴于市政工程、公路工程受外部干扰因素多的特点,应对拟建工程实体所处的位置做准确说明,包括所处行政区域、相交的道路或河流等;承包范围主要包括起讫点桩号、红线范围等;各专业工程结构形式应简要介绍专业管线管材类型、位置、埋深,道路路基、路面各层结构,桥梁上下部结构等各专业工程的主要结构形式;合同要求包括合同内容涵盖的实施合同的工期、质量、安全文明施工等基础要求。

(3)现场施工条件应包括下列内容:

①气象、工程地质和水文地质状况。简要介绍工程建设地点的气温、雨、雪、风和雷电等气象变化情况,雨期、低(高)温的期限,冻土深度等情况,水文地质情况应结合设计文件和有关勘察资料编写。

②影响施工的构(建)筑物情况。建筑物一般指供人居住、工作、学习、生产、经营、娱乐、储藏物品以及进行其他社会活动的工程建筑,构筑物指房屋以外的工程建筑,如围墙、道路、管道、隧道、桥梁等。影响施工的构(建)筑物不仅包括工程承包范围内影响施工的构(建)筑物,还包括工程施工作业对周边有影响的构(建)筑物。

③周边主要单位(居民区)、交通道路及交通情况。简要介绍周边主要单位的分布情况,包括学校、企业、商业、广场及公园等单位;交通道路主要指与拟建工程实体相交及工程施工影响的交通道路;交通情况包括行人、机动车、非机动车的交通情况,宜对公共交通情况做单独介绍。

④可利用的资源分布等其他应说明的情况。可利用的资源分布情况包括工程当地及工程周边的水、电、劳动力、地材等资源的分布及供应情况。

3.2.2　施工总体部署

施工总体部署是指对项目实施过程做出的统筹和全面安排,应包括主要工程目标、总体组织安排、总体施工安排、施工进度计划及总体资源配置等。

(1)主要工程目标应包括进度、质量、安全和环境保护等目标。

主要工程目标应结合企业的实际情况及合同约定确定。其中,施工进度目标应依据合同要求、相关技术经济资料、企业的技术力量和经济实力及同类工程施工进度控制经验确定;质量目标应依据现行有关标准及合同要求确定;安全管理目标应依据对危险源辨识和评价的结果确定;环境保护管理目标应依据对环境因素进行辨识和评价的结果确定;成本控制目标应依据现场施工条件、工艺流程及主要施工方法等确定。

(2)总体组织安排应确定项目经理部的组织机构及管理层级,明确各层级的责任分工,宜采用框图的形式辅助说明。

项目经理部的组织机构及管理层级应结合企业管理实际情况及工程的规模、复杂程度、地域范围等特点确定,各层级的责任分工编写应包括组织机构涵盖的项目经理、项目总工、项目副经理、项目经理部各职能部门、各专业班组等方面。

(3)总体施工安排应根据工程特点,确定施工顺序、空间组织,并对施工作业的衔接进行总体安排。

总体施工安排应分析工程的特点，如工程的重点和难点等，并从工程整体实施的角度，在保证工期的前提下，在全局上实现施工的连续性和均衡性。总体施工安排编写应结合施工顺序及空间组织逻辑关系。桥梁、地下管线、隧道等专业工程在施工时需考虑空间组织。

(4)划分施工阶段，确定施工进度计划及施工进度关键节点，施工进度计划宜采用网络图或横道图及进度计划表等形式编制，并应附必要说明。施工进度计划应依据工期目标及有关技术经济资料编制，同时应符合总体施工安排确定的施工顺序及空间组织。

(5)总体资源配置应确定主要资源配置计划，主要资源配置计划应包括下列内容：

①确定总用工量、各工种用工量及工程施工过程各阶段的各工种劳动力投入计划。总用工量、各工种用工量及工程施工过程各阶段的各工种劳动力投入计划应按照工程量，根据进度计划并参考概(预)算额或有关技术经济资料确定。

②确定主要材料、构配件和设备进场计划，并明确规格、数量、进场时间等。

③确定主要施工机具进场计划，并明确型号、数量、进出场时间等。

(6)应确定专业工程分包的施工安排。专业工程分包应符合有关法律、法规的规定，并对专业施工单位选择要求及管理方式等进行安排。

3.2.3 施工现场平面布置

(1)施工现场平面布置应符合下列原则：

①占地面积少，平面布置合理。

②总体策划满足工程分阶段管理需要。

③充分利用既有道路、构(建)筑物，降低临时设施费用。

④符合安全、消防、文明施工、环境保护及水土保持等相关要求。

⑤符合当地主管部门、建设单位及其他部门的相关规定。

(2)施工现场平面布置安排应包括下列主要内容：

①生产区、生活区、办公区等各类设施建设方式及动态布置安排。

②确定临时道路与临时桥梁的位置及结构形式，并对现场交通组织形式进行简要说明。

③根据工程量和总体施工安排，确定加工厂、材料堆放场、搅拌站、机械停放场等辅助施工生产区域，并说明位置、面积、结构形式及运输路径。

④确定施工现场临时用水、临时用电布置安排，并进行相应的计算和说明。

⑤确定现场消防设施的配置并进行简要说明。

(3)应依据工程项目施工影响范围内的地形、地貌、地物及拟建工程主体等，绘制施工现场总平面布置图。

3.2.4 施工准备

(1)施工准备应根据施工总体部署确定。

(2)施工准备一般包括技术准备、现场准备及资金准备等，现场准备已在施工现场平

面布置相关内容中有描述的,本节不再赘述,应针对现场平面布置未包含的现场准备相关内容进行编制。一般符合下列规定:

①技术准备应包括技术资料准备及工程测量方案等。

②现场准备应包括现场生产、生活及办公等临时设施的安排与计划。

③资金准备应包括资金使用计划及筹资计划等,并结合图表形式辅助说明。

3.2.5　施工技术方案

施工技术方案应针对各专业工程分别编制,是施工方案编制的基础,应在准确、合理的基础上力求简洁。各专业工程应通过技术、经济比较编制施工技术方案。

施工技术方案应包括施工工艺流程及施工方法,并应满足下列要求:

(1)应结合工程特点、国家现行标准、工程图纸和现有的资源,明确施工起点、流向和施工顺序,确定各分部(分项)工程施工工艺流程,宜采用流程图的形式表示。

(2)应确定各分部(分项)工程的施工方法,并应结合工程图表等形式进行辅助说明。

3.2.6　主要施工保证措施

3.2.6.1　进度保证措施

进度保证措施应包括进度管理措施和进度技术措施等。

1. 进度管理措施

1)资源保证措施

资源保证措施应针对劳动力、施工机具、建筑材料、构配件和设备等施工资源制订,并考虑异常状况,如农忙、节假日劳动力保证措施,对资源供方及分包单位的进度控制措施等。

2)资金保障措施

资金保障措施是为保证进度而制订的资金使用及筹资措施。

3)沟通协调措施

沟通协调措施是指为保证工程进度,与工程所涉及的内部和外部有关组织及个人进行沟通协调而制订的措施。例如,工程例会、访问等沟通协调方式。

2. 进度技术措施

应充分考虑技术的先进性和经济性及对进度的影响,确定合理的技术措施。进度技术措施应包括下列主要内容:

(1)分析影响施工进度的关键工作,制订关键节点控制措施。关键工作能否按计划完成,直接影响到工程进度目标的实现,所以要制订相关控制措施。

(2)分析影响施工进度的各种因素,进行动态管理,制订必要的纠偏措施。采用网络计划技术进行必要的纠偏,防止非关键工作成为关键工作,因此要制订相应的措施。例如,增加投入、使用早强混凝土、采取早拆模板施工技术等措施。

3.2.6.2　质量保证措施

质量保证措施的编制应与工程特点、施工条件及施工方法等相适应。质量保证措施应包括质量管理措施、质量技术措施等。

质量管理措施应包括下列主要内容：

(1)建立质量管理组织机构、明确职责和权限。

(2)建立质量管理制度。应根据工程特点建立各项质量管理制度，如质量目标管理制度、施工质量检查制度、试验和检测管理制度、施工质量问题处理制度、质量事故问题处理制度等。可在施工组织设计中列出所建立的各项制度目录。

(3)制订对资源供方及分包方的质量管理措施等。

质量技术措施应包括下列主要内容：

(1)施工测量误差控制措施。应符合设计文件、相应的技术标准及工程需要，如对测量仪器、设备、工具等进行符合性检查；对基准点、基准线和高程进行内业、外业复核；对施工控制点、线、网进行保护并定期复核等。

(2)建筑材料、构配件和设备、施工机具、成品(半成品)进场检验措施。

(3)重点部位及关键工序的保证措施。

(4)建筑材料、构配件和设备及成品(半成品)保护措施。

(5)质量通病预防和控制措施。

(6)试验、检测保证措施。

3.2.6.3 安全管理措施

(1)根据工程特点，项目经理部应建立安全施工管理组织机构，明确职责和权限。

(2)应根据工程特点建立安全施工管理制度，如目标管理制度、安全会议制度、安全检查制度、安全技术交底制度、安全培训制度、安全事故处理制度、治安保卫制度、用火审批制度、消防安全制度、门卫值守管理制度等。可在施工组织设计中列出所建立的各项制度目录。

(3)应根据危险源辨识和评价的结果，按工程内容和岗位职责对安全目标进行分解，并应制订必要的控制措施。在制订控制措施时应按如下优先顺序考虑降低风险：

①消除：改变设计以消除危险源，如引入机械提升装置以消除手举重物危险源等。

②替代：用低危害材料替代或降低系统能量，如采用低噪声环保设备替代高噪声设备等。

③工程控制措施：高处作业安全控制措施；机械设备、起重设备安全控制措施；现场用电、现场交通、消防、保卫安全控制措施；清淤、疏通地下管线防止中毒、窒息安全控制措施；脚手架、支架施工安全控制措施；沟槽、基坑安全控制措施；季节性、夜间施工安全控制措施；主要分项工程施工等安全控制措施。

④标示、警告和(或)管理控制措施，安全标志、安全防护、安全警示控制措施。

⑤个体防护装备：安全防护眼镜、听力保护器具、面罩、安全带和安全索、口罩和手套。

(4)应根据工程特点和施工方法编制安全专项施工方案目录及需专家论证的安全专项施工方案目录。

(5)应确定安全施工管理资源配置计划。

3.2.6.4 环境保护及文明施工管理措施

(1)应根据工程特点，建立环境保护及文明施工管理组织机构，明确职责和权限。项目环境保护及文明施工管理组织机构负责施工现场环境保护及文明施工的日常管理工作,设定环境保护及文明施工管理负责人。管理职责和权限可按项目环境保护及文明施工管理组织机构的划分制定。

(2)应建立环境保护及文明施工管理检查制度。检查制度应适合本企业及工程项目特点。

(3)制订的施工现场环境保护措施,应符合现行行业标准的有关规定、地方法规及其他相关方面的要求。施工现场环境保护措施应包括下列主要内容:

①扬尘、烟尘防治措施。

②噪声防治措施。

③生活、生产污水排放控制措施。

④固体废弃物管理措施。

⑤水土流失防治措施等。

(4)施工现场文明施工管理措施应包括下列主要内容:

①封闭管理措施。封闭管理包括现场围挡、大门和出入口设置、五牌一图(工程概况牌、管理人员名单及监督电话牌、消防安全制度牌、安全生产制度牌、文明和环保制度牌及施工现场总平面图)、企业宣传牌、消防设施布置、车辆冲洗设施等。

②生产、生活、办公及辅助设施等临时设施管理措施。

生产设施管理包括材料仓库、防护棚、搅拌站、木材加工厂、钢筋加工厂、机械维修厂、操作棚等的管理;

生活设施管理包括宿舍、食堂、厕所、淋浴室、阅览室、卫生保健室等的管理;

办公设施管理包括办公室、会议室、传达保卫室等的管理;

辅助设施管理包括临时道路与临时桥梁、现场排水设施、围墙、大门等的管理。

③施工机具管理措施。施工机具管理包括机具存放、防护、标识等的管理。

④建筑材料、构配件和设备管理措施。建筑材料、构配件和设备管理包括搬运、存储、防护、标识等的管理。

⑤卫生管理措施。卫生管理包括卫生保健和食堂卫生等的管理。

⑥便民措施等。便民措施包括告知牌、便民通道、指示牌等设施的管理及施工防扰民措施的制订。

(5)应确定环境保护及文明施工资源配置计划。

3.2.6.5　成本控制措施

(1)应建立成本控制体系,对成本控制目标进行分解。项目经理部应建立以项目经理为中心的成本控制体系,按工程部位进行项目成本分解,为分部(分项)工程成本核算提供依据;按成本项目进行成本分解,确定项目的人工费、材料费、机械台班费、其他直接费和施工管理费的构成,为施工生产要素的成本核算提供依据。

(2)应根据工程规模和特点进行技术经济分析并制订管理和技术措施,控制人工费、材料费、机械费、管理费等成本。

成本控制应遵循目标管理原则;责、权、利相结合的原则;全面控制原则;动态控制原则;开源与节流相结合的原则;节约原则;例外管理原则。偶然出现的问题,称之为“例外”问题。例如,在成本管理中常见的成本盈亏异常现象,即盈余或亏损超过了正常的比例；本来是可以控制的成本，突然发生了失控现象；某些暂时的节约，但有可能对今后的成本带来隐患（如由于平时机械维修费的节约，可能会造成未来的停工修理和更大的经济损失）等，都应该视为“例外”问题。

①人工费的控制。

通过合理安排施工顺序，工序连接紧凑，提高工效。

通过劳务合同，按照内部施工图预算、钢筋翻样单或模板量计算出定额人工工日，并考虑将文明施工及零星用工按定额工日的一定比例一起发包。

②材料费的控制。

材料用量的控制。在保证符合设计规格和质量标准的前提下，合理使用材料和节约使用材料，通过定额管理、计量管理等手段以及施工质量控制，避免返工等，有效控制材料物资的消耗。例如，推广钢筋连续下料，采用气压焊、机械连接技术和利用钢筋延伸率节约钢筋。混凝土中掺减水剂节约水泥用量。利用定型组合钢模板，节约木材。提高测量放线和标高引测精度，避免由误差引起工程成本的增加。

材料价格的控制。由于材料价格是由买价、运杂费、运输中的合理损耗等所组成的，因此主要是通过市场信息、询价，应用竞争机制和经济合同手段等控制材料、设备、工程用品的采购价格，包括买价、运杂费和损耗等。

③机械费的控制。

施工机械配置要经济、合理配套。在工程施工过程中，由于流水施工和工序搭接的需要，往往会出现某些必然或偶然的施工间隙，影响施工机械设备的连续作业。有时，又因加快施工进度和工种配合的需要，造成施工机械设备日夜不停地运转。因此，必须以满足施工进度为前提，加强机械设备的平衡调度，提高机械设备利用率。此外，机械设备利用率的提高，还会受到机械设备完好率的制约。因此，除加强施工机械设备的合理使用和平衡调度外，还要提高机械设备完好率。

④管理费的控制。

现场施工管理费在项目成本中占有一定比例，其控制与核算都较难把握，在使用和开支时弹性较大。可根据现场施工管理费占施工项目计划总成本的比例确定施工管理费总额，制定开支标准和范围，严格执行现场施工管理费使用的审批、报销程序。

3.2.6.6　季节性施工保证措施

（1）针对雨期对分部（分项）工程施工的影响，应制订雨期施工保证措施，并应编制施工资源配置计划。

（2）针对低（高）温对分部（分项）工程施工的影响，应制订低（高）温施工保证措施，并应编制施工资源配置计划。低（高）温施工应满足有关标准和（或）施工技术要求，当环境温度低（高）于有关标准和（或）施工技术要求温度时，应制订相应质量保证措施。例如，城市快速路、主干道沥青混合料摊铺不宜在气温低于 10 ℃条件下施工，若在气温低于 10 ℃条件下施工，则应制订沥青混合料摊铺质量保证措施；若在昼夜平均气温高于 30 ℃条件下进行混凝土施工，则应制订混凝土高温施工质量保证措施。

（3）应制订其他季节性施工保证措施。根据当地气候条件制订其他季节性施工保证措施。当工程位于沿海地区时，若在台风季节施工，则应制订台风季节施工保证措施。

3.2.6.7　交通组织措施

交通组织措施是指在工程施工作业期间，为保障施工及周边网络交通有序，减少施工作业对交通的影响而制订的措施。

应针对施工作业区域内及周边交通编制交通组织措施，交通组织措施应包括交通现状情况、交通组织安排等。

交通现状情况应包括施工作业区域内及周边的主要道路、交通流量及其他影响因素。针对施工作业对周边交通产生影响的主要路段和交叉路口，进行不同时段的交通流量调查。其他影响因素指施工作业区域及周边固定的、有规律性的活动，如定期的集市、学生定期的离（返）校活动等。

交通组织安排应包括下列内容：

（1）依据总体施工安排划分交通组织实施阶段，并确定各实施阶段的交通组织形式及人员配置，绘制各实施阶段交通组织平面示意图。交通组织平面示意图应包括下列内容：

①施工作业区域内及周边的现状道路；

②围挡布置、临时道路与临时桥梁设置；

③车辆及行人通行路线；

④现场临时交通标志、交通设施的设置；

⑤图例及说明；

⑥其他应说明的相关内容。

（2）确定施工作业影响范围内的主要交通路口及重点区域的交通疏导方式，并绘制交通疏导示意图。交通疏导示意图应包括下列内容：

①车辆及行人通行路线；

②围挡布置及施工区域出入口设置；

③现场临时交通标志、交通设施的设置；

④图例及说明；

⑤其他应说明的相关内容。

有通航要求的工程，应制订通航保障措施。例如，在通航的河道上修建桥梁围堰时应考虑航道通航要求。

3.2.6.8　构（建）筑物及文物保护措施

（1）应对施工影响范围内的构（建）筑物及地表文物进行调查。调查情况应说明构（建）筑物的平面位置、立面位置、地基和基础以及与新建基础设施的相对位置等。管线调查还应说明管线的种类、走向、材质、规格、权属、完好程度以及与新建市政基础设施的相对位置等。

（2）调查情况宜采用文字、表格或平面布置图等形式说明。工程施工作业前，为确保施工影响范围内构（建）筑物的安全，要分析对施工影响范围内构（建）筑物的影响，制订保护和监管措施。例如，在确定爆破、强夯的施工方法时，要考虑施工影响范围内构（建）筑物的安全，并制订保护、监测和管理措施。

（3）应分析工程施工作业对施工影响范围内构（建）筑物的影响，并应制订保护、监测和管理措施。

（4）应制订构（建）筑物发生意外情况时的应急处理措施。针对施工过程中发现的文物，应制订现场保护措施。有时通过调查不能确定施工作业范围内是否存在文物古迹，所以要制订在施工过程中一旦发现文物古迹的现场保护措施，保护文物现场不被破坏，等待有关文物保护部门到场处理。

3.2.6.9　应急措施

（1）应急措施应针对施工过程中可能发生事故的紧急情况编制。根据危险源辨识和评价结果，针对可能发生事故的紧急情况制订应急措施。应急措施的编制需要充分考虑实施应急救援中可能产生的次生灾害和损失，要素应齐全、完整，反映主要的重大事故风险，避免应急措施相互孤立、交叉和矛盾。例如，根据危险源辨识和评价结果，对可能发生的火灾、沟槽坍塌等事故制订相应的应急措施。

（2）应急措施应包括下列主要内容：

①建立应急救援组织机构，组建应急救援队，并明确职责和权限。

②分析评价事故可能发生的地点和可能造成的后果，制订事故应急处置程序、现场应急处置措施及定期演练计划。事故应急处置程序，根据可能发生的事故类别及现场情况，明确事故报警、各项应急措施启动、应急救护人员的引导、事故扩大及同企业应急预案的衔接的程序；现场应急处置措施，针对可能发生的火灾、爆炸、坍塌、水患、机械伤害等，从操作措施、工艺流程、现场处置、事故控制、人员救护、消防、现场恢复等方面制订明确的应急处置措施。

③应急物资和装备保障。应急物资和装备保障即明确应急救援需要使用的应急物资和装备的类型、数量、性能、存放位置、管理责任人及其联系方式等内容。

第4章　施工方案编制类毕业设计

施工方案以市政与交通土建工程中各专业工程的分部(分项)工程为主要对象单独编制的施工组织与技术方案,用以具体指导其施工过程。

施工方案在某些时候也被称为分部(分项)工程或专项工程施工组织设计,但考虑到通常情况下施工方案是施工组织设计的进一步细化,是施工组织设计的补充,施工组织设计的某些内容在施工方案中不需赘述,因而将其定义为施工方案。

4.1　施工方案编制要求

分部(分项)工程施工前应根据施工组织设计单独编制施工方案,并应符合下列要求:

(1)施工方案应包括编制依据、工程概况、施工安排、施工准备、施工方法及主要施工保证措施等基本内容。

(2)施工方案应由项目负责人主持编制。

(3)由专业承包单位施工的分部(分项)工程,施工方案应由专业承包单位的项目负责人主持编制。

危险性较大的分部(分项)工程施工前应根据施工组织设计单独编制安全专项施工方案,其主要内容包括:

(1)危险性较大的分部(分项)工程概况、施工平面布置、施工要求和技术保证条件。

(2)规范性文件、标准及图纸、施工组织设计等编制依据。

(3)施工进度计划、建筑材料、施工机具和设备计划。

(4)技术参数、工艺流程、施工方法、检查验收等。

(5)组织保障措施、技术措施、应急预案、监测监控措施等。

(6)专职安全生产管理人员、特种作业人员等劳动力计划。

(7)计算书及相关图纸。

4.2　施工方案编制内容

4.2.1　编制依据

施工方案的编制依据主要是施工图纸、施工组织设计、施工现场勘察得来的资料和信息,施工验收规范、质量检查验收标准、安全操作规程、施工及机械性能手册,新技术、新设备、新工艺等。另外,要依靠施工组织设计人员本身的施工经验、技术素质及创造能力。

在编制施工方案时,不一定按上述内容一一列举,但要将主要的编制依据描述出来。

4.2.2 工程概况

工程概况包括工程建设概况、工程设计概况及工作量、建设地点的特征和施工条件等,说明工程的具体情况,选择本方案的优点、因素以及在方案实施前应具备的作业条件。

4.2.2.1 工程建设概况

工程建设概况主要介绍拟建工程的建设单位,建造地点,工程名称、性质、用途、资金来源及造价,开、竣工日期;设计单位,监理单位;施工总、分包单位;上级有关文件及要求,施工图样情况;施工合同签订情况等。

4.2.2.2 工程设计概况及工作量

工程设计概况及工作量主要包括道路工程的设计特点及主要工作量,道路的等级;材料的种类、特点;设备的系统构成、种类、数量等。对新材料、新工艺及施工要求高、难度大的施工过程应着重说明。对主要的工作量、工程量应列出数量表。

4.2.2.3 建设地点的特征

建设地点的特征主要包括建设地点的位置、地形、周围环境,工程地质,不同深度的土壤分析,地下水位、水质;当地气温、主要风向、风力、雨量、冬雨期时间、冻结期与冻层厚度;地震烈度等。

4.2.2.4 施工条件

施工条件主要包括三通一平情况,材料、构件、加工品的供应情况,施工单位的机械、运输工具、劳动力的投入能力,施工技术和管理水平等。

通过对工程特点、建设地点特征及施工条件的分析,找出施工重点、难点和关键问题,以便在选择施工方案、组织物资供应、配备技术力量及进行施工准备等方面采取有效措施。

4.2.3 施工安排

(1)施工安排应确定工程管理的组织机构,并应明确职责和权限。应针对分部(分项)工程建立一个合理、高效的组织机构。组织机构应合理划分层次,配备相应的管理人员和施工作业班组,并用图表形式表示。

(2)施工安排应确定工程施工目标。分部(分项)工程施工目标应包括进度、质量、安全和环境保护等目标。

(3)施工安排应确定施工段的划分及施工顺序。

(4)分部(分项)工程施工进度计划应满足项目施工进度计划并动态调整,可采用网络图或横道图表示,并应附必要的文字说明。

(5)资源配置计划应包括劳动力配置计划和物资配置计划,并应满足下列要求:

①劳动力配置计划应确定各工种用工量并编制各工种劳动力计划表。

②物资配置计划应包括建筑材料、构配件和设备、施工机具、检测设备等配置计划。

建筑材料、构配件和设备一般包括以下两部分:一是建筑施工过程中所使用(装配)的各类建筑原材料、经预先加工制作的各类构配件成品或半成品、构(建)筑物功能要求所需设备等所有构成特定建筑产品实体组成部分的产品。二是与施工质量有关的施工措施中所使用的各类建筑原材料、经预先加工制作的各类构配件成品或半成品（如基坑围护桩、塔吊基础等）。

施工机具是指施工企业在生产过程中为满足施工需要而使用的各类机械、设备、工具等，其来源包括施工企业自有、外部租赁和分包方提供等。

检测设备是在检测工作中使用的、影响对检测结果做出判断的计量器具、标准物质以及辅助仪器设备的总称。

4.2.4　施工准备

（1）施工准备应根据施工安排确定。施工方案针对各专业工程的分部（分项）工程编制。在施工准备阶段，除要完成本项工程的施工准备外，还需考虑与前后工序的相互衔接。

（2）施工准备应包括技术准备、现场准备及资金准备，并应满足下列要求：

①技术准备应包括施工所需技术资料的准备、图纸深化的要求、工程测量方案、检测工作计划、试验段（首件）制作计划以及与相关单位的技术交接计划等。

②现场准备应包括现场生产、生活及办公等临时设施的安排与计划。

③资金准备应包括资金使用计划及筹资计划等，并应结合图表形式辅助说明。

4.2.5　施工方法

施工方法应明确工艺流程、工艺要求及质量检验标准。施工方法是工程施工期间所采用的技术方案、工艺流程、检测手段等。其直接影响施工进度、安全及成本。施工方案内容应比施工组织设计的内容更加详细。

施工方法应根据相关技术要求进行必要的核算。设计及相关标准要求核算的施工方法，应进行相应的核算。例如，模板工程及支撑体系、方法均需进行必要的核算和说明基坑降水、大体积混凝土等施工。

4.2.6　主要施工保证措施

应根据工程特点编写分部（分项）工程的主要施工保证措施，并应按第 3.2.6 小节内容执行。

可根据分部（分项）工程特点和复杂程度对季节性施工保证措施、交通组织措施、成本控制措施、构（建）筑物及文物保护措施加以取舍。

第 5 章　工程检验类毕业设计

工程检验是指依据合同约定，以经过审查批准的施工图设计文件为依据，按照相关法规、标准、规范、规程进行实施，对工程或工程材料检验项目中的质量参数或质量特性进行检查、检测、试验等，并将结果与规定的要求进行比较，以确定工程或工程材料是否合格所进行的活动。

要保证和提高工程施工质量，除检查施工技术和组织措施外，还要采用工程检验的方法来检查工程施工质量。不论是在过程的中间验收还是在工程完成后的竣工验收，工程检验都是工程质量区段间或工程完成后质量的最后一道把关，工程检验都是十分重要的环节。归纳起来，工程检验有以下作用：①保证工程质量的重要工作内容。只有通过工程检验，才能得到工程产品的质量特征值，才有可能和标准相比较，进而得到合格与否的判断。②工程检验为工程质量控制提供数据，而这些数据正是施工工序质量控制的依据。

工程检验类毕业设计可以从试验、检测、验收等方面进行选题。本章以工程检测类为例进行介绍。

5.1　工程检测类毕业设计要求

市政基础设施工程动工前，施工单位应会同建设单位、监理单位按照相关标准、规范将工程划分为单位（子单位）、分部（子分部）、分项工程和检验批，规范未规定时，则由施工单位和建设单位、监理单位共同研究决定，以此作为施工质量检验、验收的基础。

公路工程质量检验评定按照分项工程、分部工程、单位工程逐级进行，其划分应在施工准备阶段按照《公路工程质量检验评定标准 第一册 土建工程》（JTG F80/1—2017）进行。

工程检测类毕业设计可以分部工程、单位工程为对象开展，如工作量较大也可以分项工程为对象。视工作任务量大小适当调整毕业设计内容。

以单位工程为对象开展的工程检测类毕业设计内容一般是工程质量检测方案的编制，通常包括工程概况、编制依据、检测机构组织及人员、设备投入、检测方法和手段、实施计划、保证措施等内容。

以分部（分项）工程为对象开展的工程检测类毕业设计内容一般包括工程质量检测方案的编制和实施两个部分。检测方案通常包括工程概况、编制依据、检测方法和手段、实施计划、保证措施等内容。检测方案具体实施包括实测项目检测、感观质量评定开展和相关成果数据、资料的整理等。要求方案等编制合理，相关记录表（报告）填写真实、正确、规范。

5.2　工程检测类毕业设计内容

5.2.1　检测方案编制

5.2.1.1　工程概况

工程概况应包括工程主要情况、设计简介、编制依据等。工程概况应具体、简洁明了，可以采用图表方式表示。

(1)工程主要情况应包括单位工程或分部(分项)工程的名称、检测范围、检测内容及相关要求等。

(2)设计简介应说明施工设计内容和相关要求。

(3)编制依据应包括下列主要内容：

①与工程建设有关的法律、法规、规章和规范性文件。

②国家现行标准和技术经济指标。

③工程勘察、设计文件。

④工程施工组织设计或方案等。

5.2.1.2　检测方法和手段

检测方法和手段宜以图标方式，列出检测项目、允许偏差/标准值、检测频率、检验方法、设备仪器等条目。

5.2.1.3　检测实施计划

检测实施计划包括方案编制、检测开展、数据整理、成果提交的时间安排和检测项目开展计划等。

(1)方案编制、检测开展、数据整理、成果提交的时间应具体，须满足工程施工进度安排要求。

(2)检测项目开展计划宜采用表格方式列举检测项目名称、检测范围、工程量、检测数量、抽样方法等信息。

5.2.1.4　保证措施

应根据工程特点编写工程检测的主要保证措施，一般包括人员数量保证、职业素养和技能水平保证、仪器设备保证、检测手段正确可靠、报告真实、安全保证等方面。可参考第 3.2.6 小节内容，根据单位工程、分部(分项)工程特点和复杂程度对相关保证措施加以取舍。

5.2.2　检测方案实施

检测方案实施包括检测记录、检测报告、检验批质量检验记录表、分项工程质量检验记录表、分部工程质量检验记录表等相关表格，感观质量评定开展和相关成果数据、资料的整理。

第 6 章 工程测量类毕业设计

6.1 工程测量类毕业设计要求

工程测量类毕业设计旨在模拟道路、桥梁、隧道等施工过程的各个环节，进一步巩固已学知识，提高学生操作的技能水平和思考问题、解决问题的能力；熟悉道路施工的整个测量过程，掌握相关的测量规范，并能独立完成施工中遇到的各项测量工作，达到为生产服务的目的；培养学生安全环保、团结协作、精益求精等意识。

工程测量类毕业设计内容包括工程施工测量方案编制和实施两个部分。工程施工测量方案包括工程概况、编制依据、已有资料收集和坐标高程系统、设备及人员配备、进度安排、测量任务及内容施测、质量保证。工程施工测量实施包括：

(1)控制测量。包括平面控制测量和高程控制测量，完成控制点的外业测量和内业计算，要求操作符合要求、正确，相关记录表填写真实、准确、规范。

(2)1∶500 地形图测绘。包括外业的实地测量和内业的绘图，要求成果精度满足规范要求，成图准确、美观。

(3)道路施工测量。包括道路中线放样、纵横断面测量及绘制，要求成果精度满足规范要求。

6.2 工程测量类毕业设计内容

6.2.1 工程测量施工方案编制

6.2.1.1 工程概况

工程概况应包括工程整体情况介绍，明确测区范围或道路工程起讫点里程，工程项目施测内容简要说明及相关要求等。

6.2.1.2 编制依据

(1)与工程建设有关的法律、法规、规章和规范性文件。

(2)国家现行标准和技术经济指标。

(3)工程项目任务书或设计文件。

6.2.1.3 已有资料收集及坐标高程系统

已有资料说明包括工程项目给定的起算数据和已有图形或文本文件。起算数据包括测区范围内已有的等级控制点，包括平面控制点和高程控制点成果。已有图形或文本文件内容包含测区范围内需要测设的已知坐标数据或道路线元参数。

坐标系统和高程基准需要进行说明。平面坐标一般采用当地独立坐标系统，高程基准采用1985国家高程基准。

6.2.1.4 设备及人员配备

设备及人员配备包括整个工程项目实施所需的仪器设备和工具、电脑及软件准备以及工作人员配备。可以图表的形式分别列出各分项内容所需的设备配备或软件配备。

6.2.1.5 进度安排

进度安排包括整个工程项目各子项目开展和完成的时间节点,包括方案编制、测量任务开展和实施、数据整理、成果检查与提交。

6.2.1.6 测量任务及内容施测

测量任务及内容施测需要明确整个工程项目各子项目开展的内容、采用什么样的方法进行观测、需要满足的一些技术指标等。

6.2.1.7 质量保证

(1)严格做好测量工作,按更高的要求进行工作,以保证成果的质量。不放过任何一处测量错误点,错了就重新测。

(2)要求组员按时到岗,以保证工作的时长,保证工作完成的进度。严格按照要求进行工作,不盲目求快,提高质量保证。

(3)严格遵守任务中明确的设计规范、测量规范和质量验评标准。

6.2.2 工程施工测量成果汇总

(1)高程控制测量成果:水准测量原始记录手簿、水准线路近似平差计算表等。

(2)平面控制测量成果:导线测量原始记录手簿、导线测量近似平差计算表等。

(3)道路施工放样测量成果:道路施工放样坐标检查表等。

(4)地形图测绘成果:地形图分幅成果图、道路纵横断面图等。

第 7 章　工程造价类毕业设计

工程造价类毕业设计可以从施工图预算、概算等方面进行选题。本章以公路施工图预算为例进行介绍。

7.1　工程造价类毕业设计要求

施工图预算是施工图设计文件的重要组成部分。施工图预算应控制在批准的设计概算范围之内。编制设计概算和施工图预算时,应根据项目的设计文件,全面了解工程所在地的建设条件,掌握各项基础资料,正确引用定额、取费标准、人工单价、材料与设备价格,按照《公路工程建设项目概算预算编制办法》(JTG 3830—2018)编制。

为加强公路工程造价管理,合理确定和有效控制工程造价,编制概算、预算时应根据现行《公路工程概算定额(上、下册)》(JTG/T 3831—2018)、《公路工程预算定额(上、下册)》(JTG/T 3832—2018)规定的人工、材料与设备、机械台班消耗量和按《公路工程建设项目概算预算编制办法》(JTG 3830—2018)规定的概算、预算编制时工程所在地的人工费工日单价、材料预算单价和施工机械台班单价计算出工程项目的工、料、机费用,并按《公路工程建设项目概算预算编制办法》(JTG 3830—2018)的规定计算各项费用。

公路工程施工图预算毕业设计可以编制新建、改(扩)建的公路工程建设项目的施工图预算。若工作量较大,也可以单位工程为对象。

7.2　工程造价类毕业设计内容

概算、预算文件应由封面、扉页、目录、编制说明及全部计算表格组成。

7.2.1　封面和扉页

封面和扉页应按《公路工程基本建设项目设计文件编制办法》(交公路发〔2007〕358号)中的规定制作。扉页的次页和目录应按《公路工程建设项目概算预算编制办法》(JTG 3830—2018)的规定制作。

7.2.2　编制说明

编制说明应包括下列内容:

(1)建设项目设计文件的依据。

(2)编制范围、工程概况等。

(3)采用的定额、费用标准,人工、材料与设备、施工机械台班预算单价的依据或来源,新增工艺的单价分析等。

(4)有关的协议书、会议纪要的主要内容。

(5)概算、预算总金额,人工、钢材、水泥、沥青等的总量。

(6)各设计方案的经济比较。

(7)项目综合经济技术指标统计,对比分析本阶段与上阶段工程数量、造价的变化情况。

(8)其他有关费用计算项及计价依据的说明。

(9)采用的公路工程造价软件名称及版本号。

(10)其他需要说明的问题。

7.2.3　编制规定

概算、预算文件可按不同的需要分为甲、乙组文件,并应符合下列规定:

(1)甲组文件为各项费用计算表,乙组文件为建筑安装工程费各项基础数据计算表。

(2)预算应按一个建设项目进行编制。当一个建设项目需要分段或分部编制时,应根据需要分别编制,但必须汇总编制“总概(预)算汇总表”。

第8章 毕业设计文本排版要求

8.1 封 面

封面页由学校或者二级院系提供模板,学生按照实际情况填写。

8.1.1 外封面

外封面见图8-1。

××职业技术学院

××专业毕业设计

长江西路道路工程施工组织设计文件编制

班　　级:______________________
学　　号:______________________
姓　　名:______________________
指导老师:______________________

××年×月

图8-1 外封面

学校名称：小初宋体加粗，居中，单倍行距。

× ×专业毕业设计：二号黑体加粗，居中，单倍行距。

毕业设计选题名称：二号黑体加粗带下划线，居中，单倍行距。

班级、学号、姓名、指导老师：三号仿宋，居中，单倍行距。

页边距：上 22 mm，下 22 mm，左 25 mm，右 25 mm。不设置页码。

8.1.2　内封面

内封面见图 8-2。

长江西路道路工程施工组织设计文件编制

班　　级：________________

学　　号：________________

姓　　名：________________

指导老师：________________

总 成 绩：________________

图 8-2　内封面

毕业设计选题名称：二号黑体加粗带下划线，居中，单倍行距。

班级、学号、姓名、指导老师：三号仿宋，居中，单倍行距。

总成绩：按照第 2.6 节内容评定。

页边距：上 22 mm，下 22 mm，左 25 mm，右 25 mm。不设置页码。

8.2　目录页

目录页见图 8-3。

目　　录

图 8-3　目录页

目录：三号黑体，两个字中间空 2 字符，居中对齐，24 磅行距，段前段后各 12 磅。

章节：目录一般列出章和节，数字和字母均为 Times New Roman 字体。章标题用四号黑体，分散对齐，36 磅行距。节标题首行缩进 1 字符，小四号宋体，分散对齐，24 磅行距。

页边距：上 22 mm，下 22 mm，左 25 mm，右 25 mm。可不设置页码。

8.3 正　文

8.3.1　结构层次

章标题用小二号黑体，居中对齐，单倍行距，段前段后各 0.5 行，示例“第一章 工程概况”，章字与后面的字中间空 1 个字符。

节标题用三号黑体，居中对齐，单倍行距，段前段后各 0.5 行，示例“第一节 编制依据”，节字与后面的字中间空 1 个字符。

正文结构层次较多时，顺序应当依次用“一、”“（一）”“1.”“（1）”标注。注意“一”后采用“、”，“1”后采用“.”。一般第一层小标题用小三号黑体，左对齐，单倍行距，段前段后各 0.5 行；第二层小标题用小三号楷体加粗，左对齐，单倍行距；第三、四层小标题用小三号仿宋加粗，左对齐，首行缩进 2 个字符，单倍行距。正文结构层次较少时，第一层用“一、”第二层可用“1.”。标题单独作为一行时后面不加句号，但作为段落的第一句时要加句号。

8.3.2　字体与行距

正文用小四号宋体，两端对齐，首行缩进 2 个字符，1.5 倍行距。英文、数字则用 Times New Roman 字体，阿拉伯数字作为标题序号时，可与本级标题的字体一致；若作为正文的年、月、日或数据，则用 Times New Roman 字体。采用中文标点。

8.3.3　图、表、公式、变量

8.3.3.1　**图**

按照需要，插入大小合适、与正文匹配的图（原则上不超过文本宽度），居中对齐，图片应清晰，图片属性设置为无文字环绕。图序和图名置于图片下方，五号宋体加粗，居中对齐，单倍行距，段前 0.5 行。图名按照章依次命名，如第一章第一个图命名为“图 1-1 ×××”，第二个图命名为“图 1-2 ×××”，以此类推；如第二章第一个图命名为“图 2-1 ×××”，第二个图命名为“图 2-2 ×××”，以此类推（见图 8-4）。图序与图名中间空 1 个字符。图中若有分图时，分图号用 a）、b）等置于分图之下。

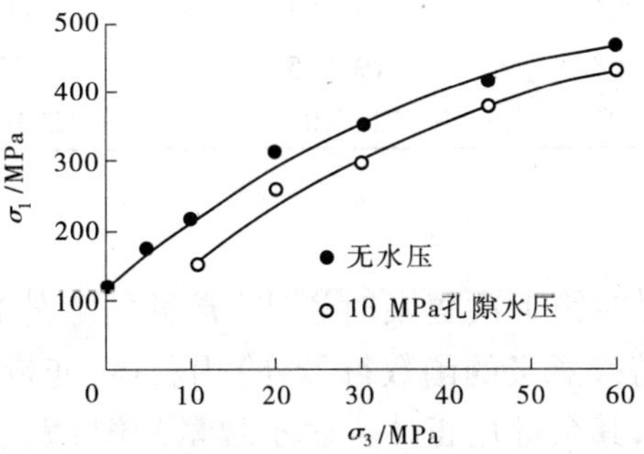

图 8-4　插图示例

图与其图题(图序、图名)为一个整体,不得拆开排写于两页。插图处的该页空白不够排写该图整体时,可将其后文字部分提前排写,将图移到次页最前面。

8.3.3.2 **表**

采用三线表。表序和表题置于表上方,五号宋体加粗,居中对齐,单倍行距,段前段后各0.5行。表序按照章依次命名,如第一章第一个表命名为“表1-1 ×××”,第二个表命名为“表1-2 ×××”,以此类推;如第二章第一个表命名为“表2-1 ×××”,第二个表命名为“表2-2 ×××”,以此类推。表序与表题中间空1个字符。表序、表题和表不得跨页。表中字体用五号宋体,单倍行距。表格原则不跨页编排,若有分页,需在另一页第一行添加续表,“续表”字样右对齐。

三线表通常只有3条线,即顶线、底线、栏目线,必要时可以加横向辅线,但是无竖向线。顶线和底线为粗线,设置1.5磅。栏目线和辅线为细线,设置0.75磅。表身内的数字一般不带单位,各量单位只能在项目栏显示,整表单位一致时,单位放在表的右上角,右空一格,不写“单位”二字。同一栏目下数值的小数位数要一致(见表8-1、表8-2)。表的列宽和行高根据内容适当设置。

表8-1 三线表示例1

序号	质量(g)	体积(cm^3)	密度(g/cm^3)
1	10.0	100	0.10
2	10.1	101	0.10
3	10.2	101	0.10

表8-2 三线表示例2 g/cm^3

编号	质量分数			
	N_i	C_r	M_o	C_u
5	49.881	14.695	11.365	1.605
预测值	51.734	16.962	11.211	1.661
12	50.514	16.691	14.071	0.912
预测值	51.171	17.509	13.048	0.415
16	50.290	19.164	6.480	1.308
预测值	50.826	18.104	7.813	1.333
17	57.168	19.655	14.732	1.353
预测值	59.891	20.107	12.163	1.403

8.3.3.3 **公式和变量**

文中、公式中的变量要在第1次提及时说明(常见的除外),并自成系统,不相互矛盾。变量、函数(除sin等特殊意义的函数符号外)用斜体,变量的上、下标除表示变量的(如表示x轴等)用斜体外,其余都用正体。表示数量的图、表中的量和图的数轴应给出单位并采用国际标准单位。

公式要编序号,序号为( )内加编号,按章节设置,如第二章第一个公式的序号为“(2-1)”,公式居中对齐,序号右对齐。

8.3.4　页码、页边距

从正文页开始设置页码,起始页为“1”,设置在页脚,居中对齐,小五号 Times New Roman 字体,单倍行距。

页边距:上 22 mm,下 22 mm,左 25 mm,右 25 mm。

8.4　参考文献

8.4.1　内容

参考文献限于作者亲自阅读、本文明确引用、公开发表或有案可查者。参考文献全部列于文后,按正文中首次引用的先后次序编号,并在正文引用处右上角注明参考文献序号。文尾参考文献应按文献类型给出所有的信息,切勿缺项,如万一不能写全各项,请将该参考文献删去。中文文献应列出或翻译出对应各项。具体各类文献说明如下:对于所有的文献,作者、编者、译者 3 人以上的列出前 3 者,并加“等”或“et al”,3 人或以下的列出所有作者;参考文献著录项目如下:

(1)报告、学位论文:[参考文献序号]主要责任者. 文献题目[文献类型标识]. 论文、报告单位所在地:所在单位,完成日期. 。

(2)普通图书:[参考文献序号]主要责任者. 文献题名[文献类型标识]. 出版地:出版者,出版年:起止页码(可选). 。

(3)期刊文章:[参考文献序号]主要责任者. 文献题名[文献类型标识]. 刊名,年,卷(期):起止页码. 。

(4)专著、论文集中析出文献:[参考文献序号]析出文献主要责任者. 析出文献题名[C]// 原文献主要责任者(可选). 原文献题名[文献类型标识]. 出版地:出版者,出版年:析出文献起止页码. 。会议论文集和专著必须包含出版的城市、公司、年份,如 Chicago:ALA,1978,只有在不知道的情况下可省略地名或公司中的一个,并相应标明[S. l.]或[s. n.];会议文章如果未出版,必须列出会议名称、主办地、会议时间。

(5)国际,国家标准:[参考文献序号]标准编号行业标准编写组. 标准名称:标准编号[S]. 出版地:出版社,出版年. 。

(6)专利:[参考文献序号]专利所有者. 专利题名:专利号[P]. 出版日期. 。

(7)电子文献:[参考文献序号]主要责任者. 电子文献题名[电子文献类型标识/载体类型标识]. 发表或更改日期/引用日期。电子文献出处或可获得地址. 。

(8)外文文献著录规则同上,外国人名,姓前名后,名用缩写,不加缩写点。名用大写首字母,如 George W. Bush 写成 Bush G W。

注:①文献类型标识:M—普通图书,C—论文集,J—期刊,D—学位论文,R—报告,S—标准,P—专利;②电子文献类型标识:DB—数据库,CP—计算机程序,EB—电子公告;

③载体类型标识：MT—磁带，DK—磁盘，CD—光盘，OL—联机网络。

8.4.2　格式要求

“参考文献”四字用小二号黑体，居中对齐，单倍行距，段前段后各 0.5 磅。

具体文献内容按序排列，用小四号宋体，首行缩进 2 个字符，24 磅行距。英文、数字则用 Times New Roman 字体。

第9章　毕业设计指导与管理系统使用说明

9.1　学生操作

9.1.1　登录

登录界面如图9-1所示。

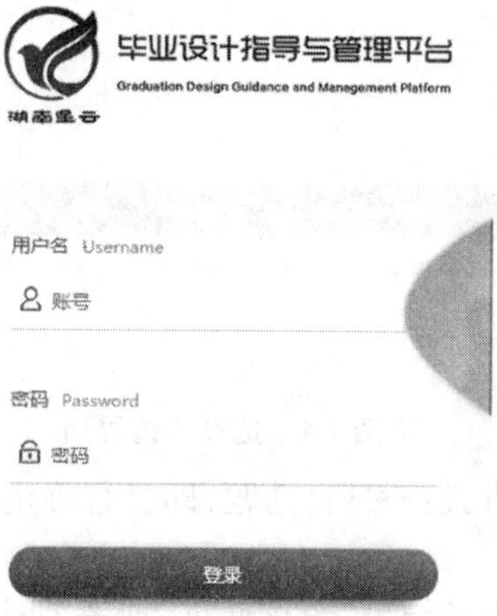

图9-1　登录界面

用户名:学号。

初始密码:二级院系下发。

登录后,请在右上角点击姓名,在弹出框(见图9-2)修改密码。忘记密码,请联系学校管理员。

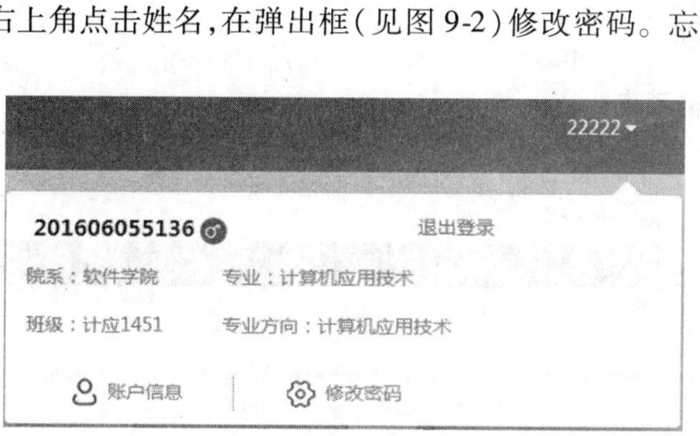

图9-2　密码修改界面

9.1.2　毕业设计安排

9.1.2.1　指导老师安排

指导老师安排界面见图 9-3。

图 9-3　指导老师安排界面

查看自己的指导老师。点击学生人数“16”可以看到同组同学，点击互动交流“交流”可以与老师进行交流。只有学校为自己安排了指导老师后，才能进行选题等后续工作。

9.1.2.2　选题申请

选题申请界面见图 9-4。

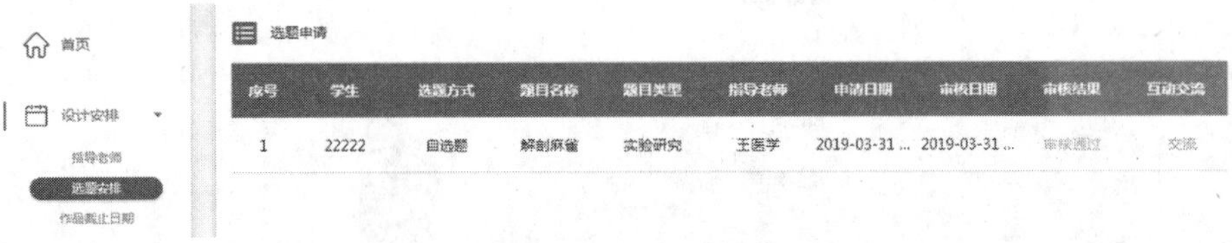

图 9-4　选题申请界面

未选题前，有两种选题方式：一是自选题，即自行确定题目；二是题库选题，即从学校提供的题库中选择。

提交选题申请后，查看审核结果“审核通过”或者“不通过”，不通过时可以重新选题。点击互动交流“交流”可以与老师交流。只有选题通过审核后，才能进行后续文档上传等工作。

作品截至日期：查看学校设定的截至日期，以及距当前还有多长时间。

9.1.3　过程管理

9.1.3.1　过程文档列表

过程文档列表界面见图 9-5。

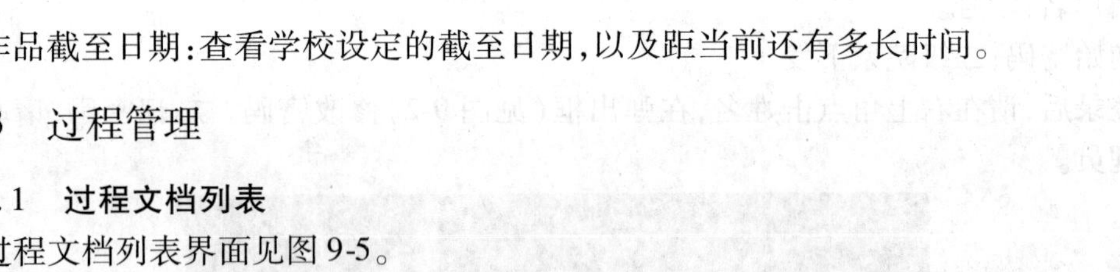

图 9-5　过程文档列表界面

查看需要上传的过程文档列表,未上传时可以上传。

上传之后,查看审核结果“通过”或者“不通过”,不通过可以重新上传。

点击“已上传”,查看上传的过程文档列表,审核前可以删除,审核后可以预览、下载(见图 9-6)。

图 9-6　审核后过程文档列表界面

如果学校设置了必须先上传前置文档,那么只有前置文档上传之后,才能上传后续文档。

9.1.3.2　最终文档列表

最终文档列表界面见图 9-7。

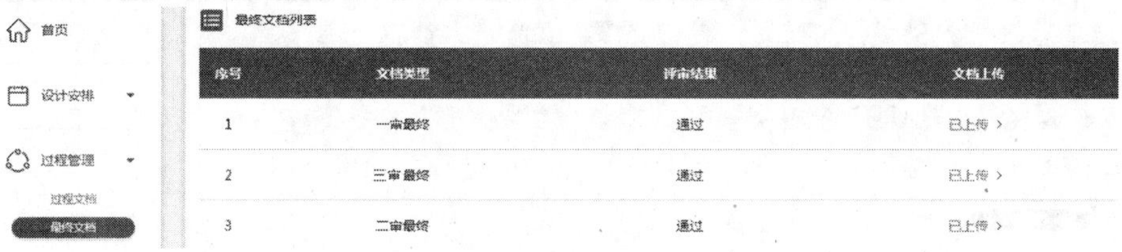

图 9-7　最终文档列表界面

最终文档是最终提交给学校或者教育厅的文档。

查看需要提交的最终文档列表,在这里上传,上传后可以看到审核情况,点击“已上传”预览、下载。

如果学校设置了必须先上传前置文档,那么只有前置文档上传之后,才能上传后续文档。

9.1.4　答辩和成绩

9.1.4.1　答辩安排

打开图 9-8 查看答辩安排情况。

9.1.4.2　答辩记录

打开答辩记录界面(见图 9-9)查看答辩结果。

9.1.4.3　成绩管理

打开图 9-10 查看毕业设计的整个成绩,如果申请了优秀毕业设计评选,可查看结果。

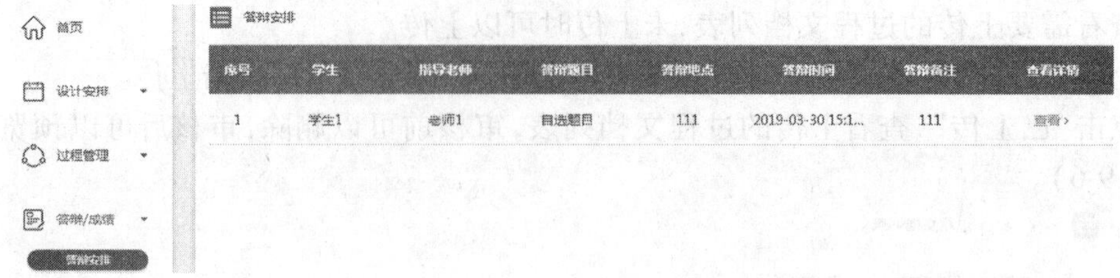

图 9-8　答辩安排界面

图 9-9　答辩记录界面

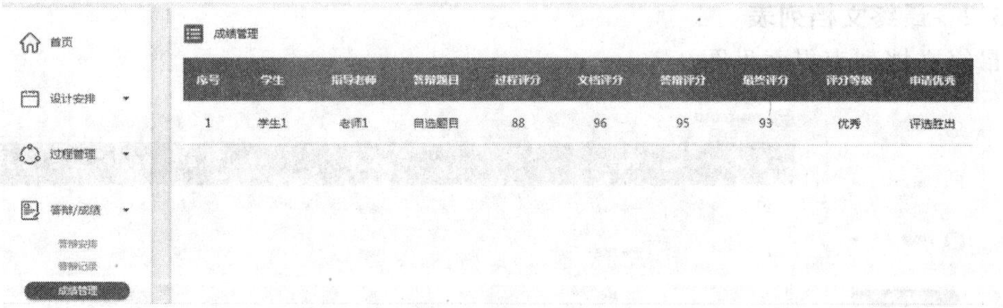

图 9-10　成绩管理界面

9.1.4.4　优秀毕业设计申请

符合优秀毕业设计申请条件的,可申请参评优秀毕业设计。

9.1.5　信息发布

9.1.5.1　消息管理

查看接收和发送的消息,如图 9-11 所示。

9.1.5.2　互动交流

查看与老师交流的记录。

9.1.5.3　通知公告

查看学校发布的各种通知,如图 9-12 所示。

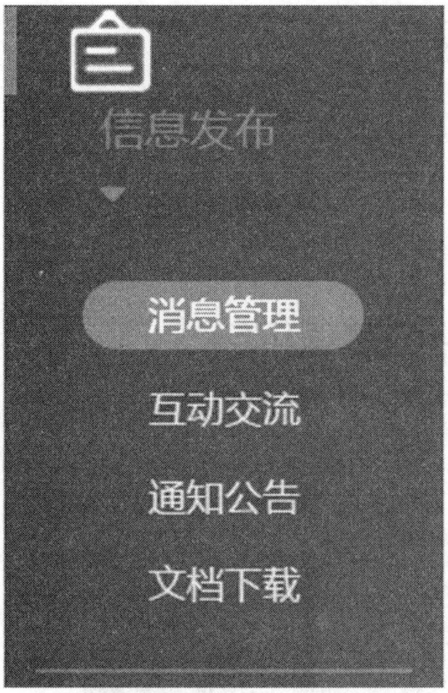

图 9-11　消息管理界面

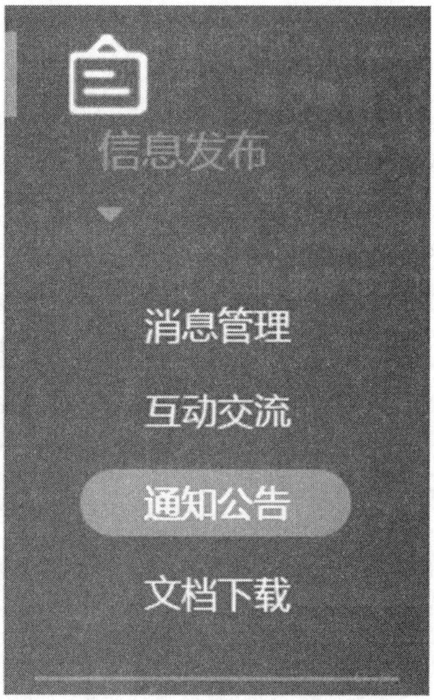

图 9-12　通知公告界面

9.1.5.4　文档下载

下载学校发布的毕业设计模板等文档，如图 9-13 所示。

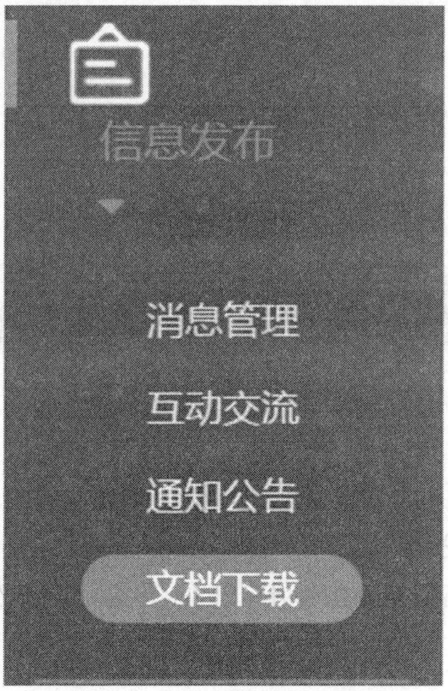

图 9-13　文档下载界面

9.1.6　调查反馈

参与学校发起的问题反馈。

9.2　教师操作

9.2.1　登录

登录界面如图 9-14 所示。

图 9-14　登录界面

用户名:工号。

初始密码:二级院系下发。

登录后,请在右上角点击姓名,在弹出框(见图 9-15)修改密码。忘记密码,请联系学校管理员。

9.2.2　毕业设计安排

9.2.2.1　指导学生确认

查看自己指导的学生。点击互动交流"交流"可以与学生进行交流,点击问题反馈"反馈"向学校反馈问题,如图 9-16 所示。

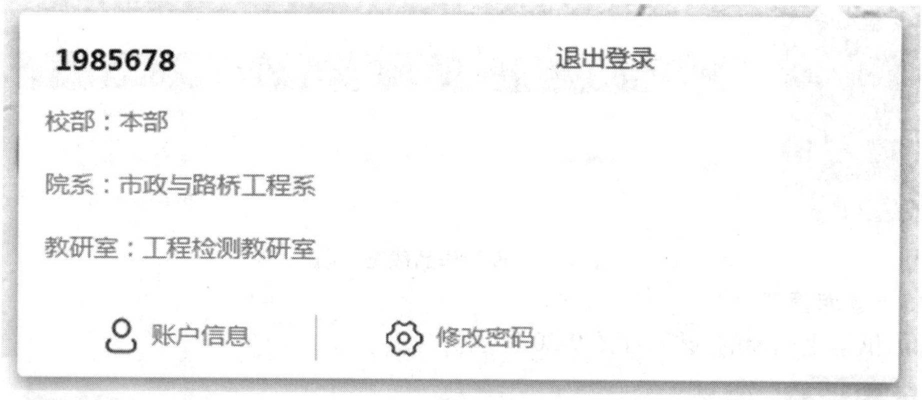

图 9-15　密码修改界面

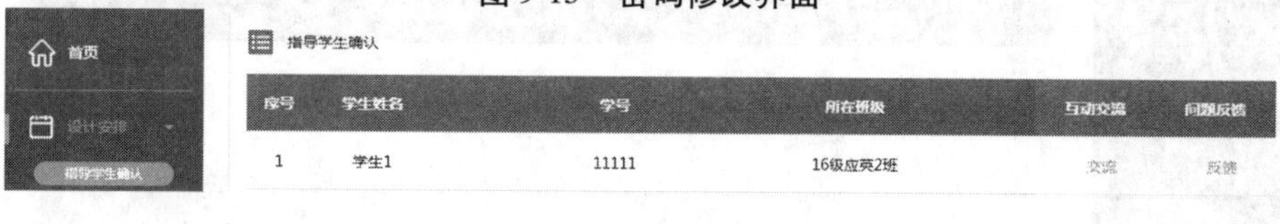

图 9-16　指导学生确认界面

9.2.2.2　学生安排

把未安排的学生安排到自己名下，如图 9-17 所示。

图 9-17　安排学生界面

9.2.2.3　选题安排

审核学生提交的选题申请。对未提交选题的学生安排选题，如图 9-18 所示。

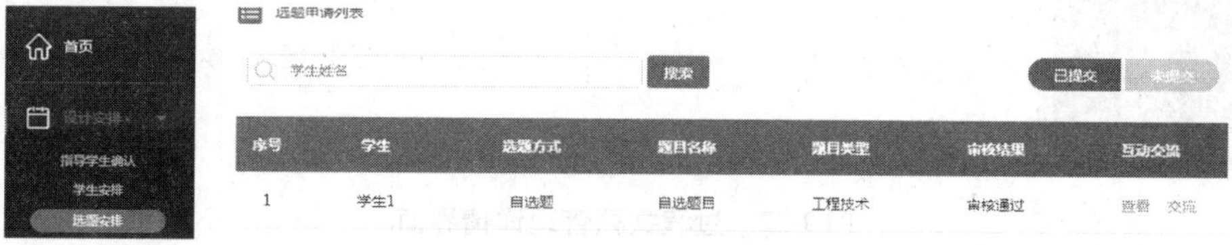

图 9-18　选题安排界面

9.2.2.4　作品截至日期

设置提交作品的截至日期，如图 9-19 所示。

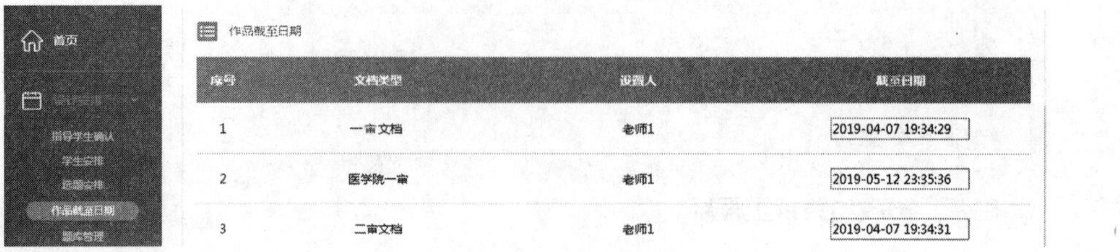

图 9-19　设置作品截至日期

9.2.2.5　题库管理

添加供学生选择的选题,如图 9-20 所示。

图 9-20　题库管理

9.2.3　过程管理

9.2.3.1　过程文档管理

查看学生提交文档进度(见图 9-21),点击“查看”可以看到详情(见图 9-22)。

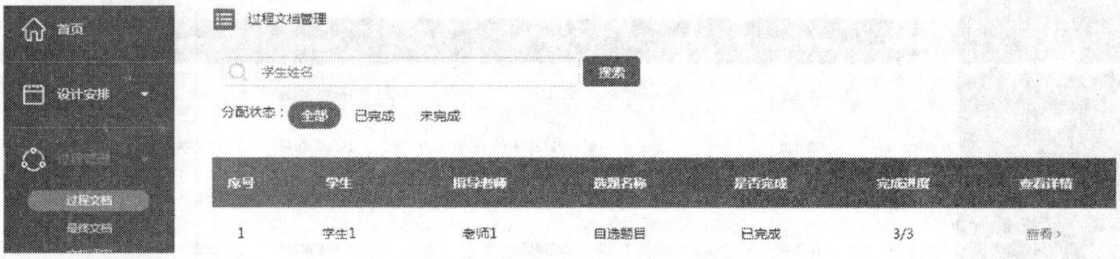

图 9-21　过程文档管理界面

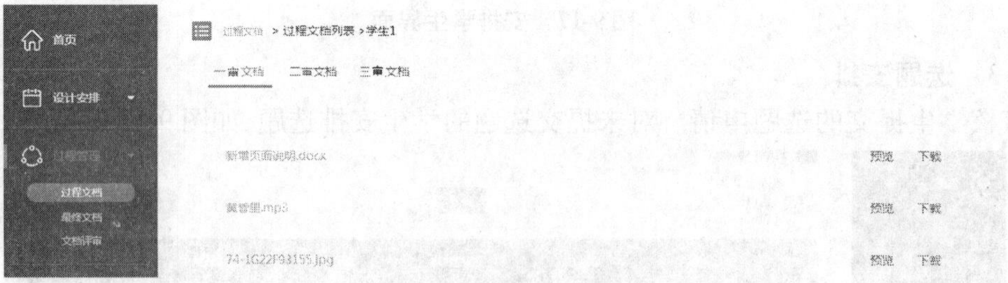

图 9-22　过程文档管理详情界面

预览学生上传的文档,对未审核的文档进行审核,审核前可以删除学生上传的文档。

9.2.3.2　最终文档管理

查看学生提交的最终文档情况,点击“查看”可以看到详情(见图 9-23)。如果学生未提交或者未提交完整,可以代学生上传。

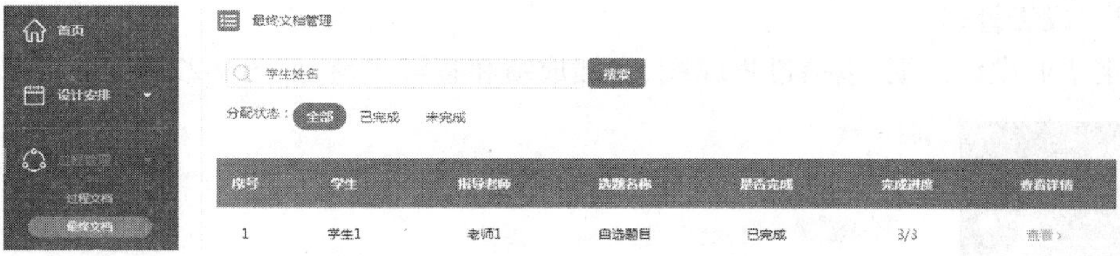

图 9-23　**最终文档管理界面**

9.2.3.3　文档评审

对学生提交的最终文档进行评审,评审后文档被锁定,不能进行修改、删除。如果需要,可以点击“取消评审”,如图 9-24 所示。

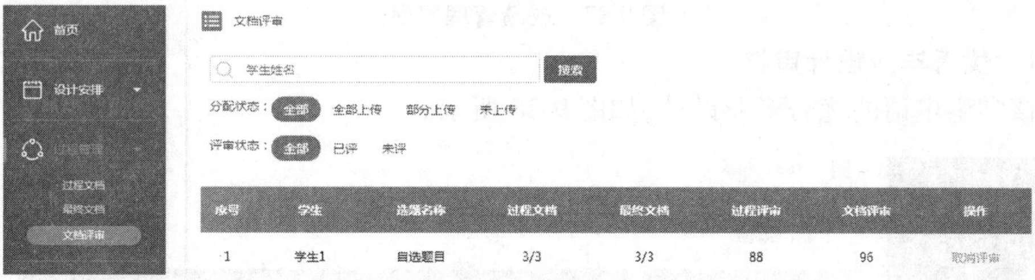

图 9-24　**文档评审**

9.2.4　答辩和成绩

9.2.4.1　答辩安排

安排答辩工作,如图 9-25 所示。

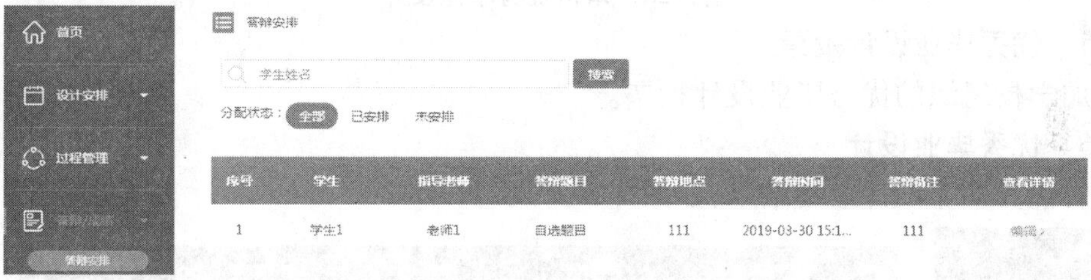

图 9-25　**答辩安排界面**

9.2.4.2　答辩记录

记录答辩情况,如图 9-26 所示。

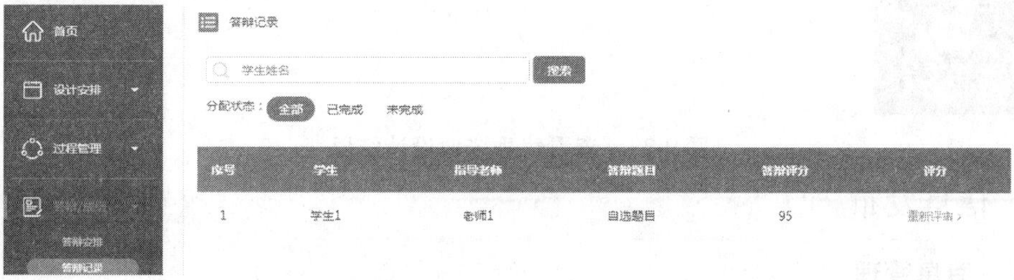

图 9-26　**答辩记录界面**

9.2.4.3　成绩管理

评定毕业设计成绩，包括过程成绩、文档成绩和答辩成绩，如图 9-27 所示。

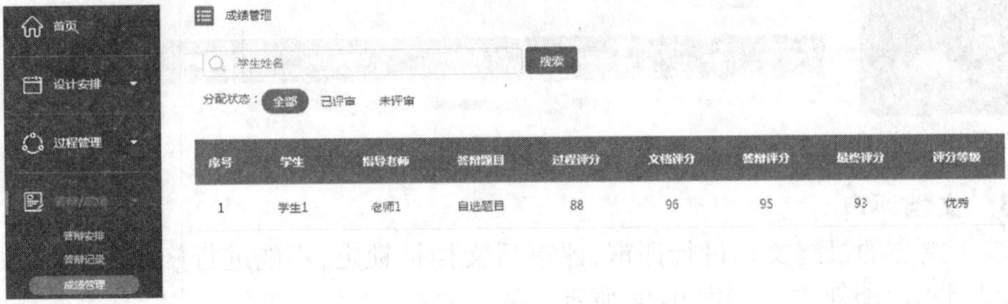

图 9-27　成绩管理界面

9.2.4.4　优秀毕业设计审核

审核学生申请的优秀毕业设计，如图 9-28 所示。

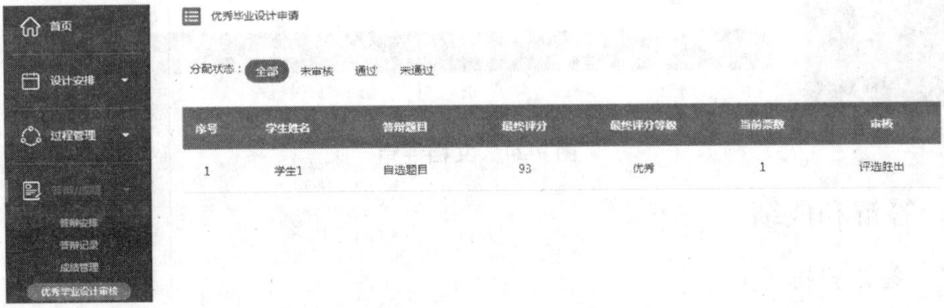

图 9-28　审核优秀毕业设计

9.2.4.5　优秀毕业设计投票

参加学校组织的优秀毕业设计投票。

9.2.4.6　优秀毕业设计

查看优秀毕业设计最终结果，如图 9-29 所示。

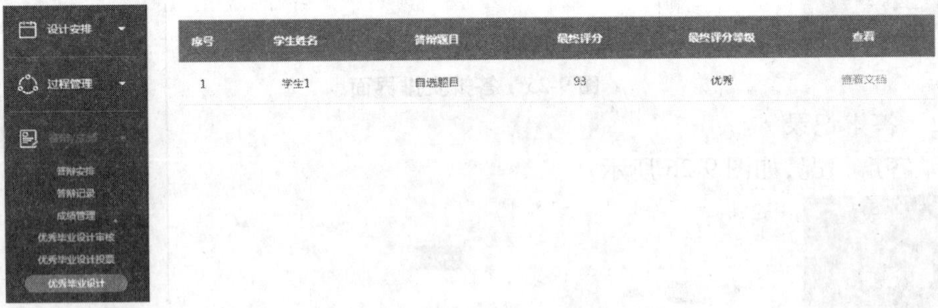

图 9-29　查看优秀毕业设计结果

9.2.5　信息发布

9.2.5.1　消息管理

查看接收和发送的消息，如图 9-30 所示。

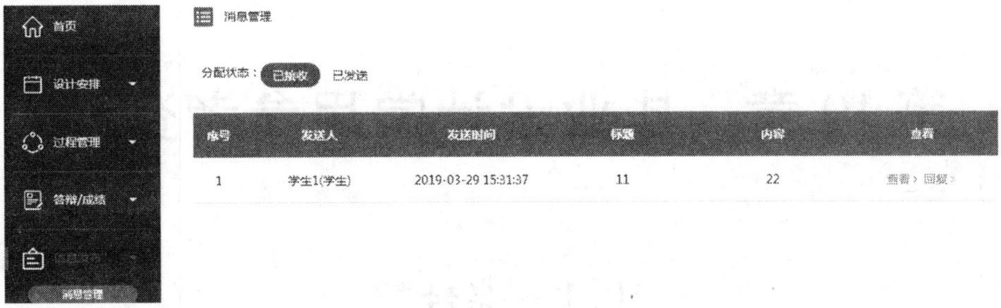

图 9-30　消息管理

9.2.5.2　互动交流

查看与学生交流的记录。

9.2.5.3　通知公告

查看学校发布的各种通知。

9.2.5.4　文档下载

下载学校发布的毕业设计模板等文档，如图 9-13 所示。

9.2.6　调查反馈

发起问题反馈，查看问题反馈情况。

第10章 毕业设计常用参考资料

10.1 综合类

1. 姚昱晨. 市政道路工程[M]. 3版. 北京:中国建筑工业出版社,2018.

2. 教育部高等教育司,北京市教育委员会. 高等学校毕业设计(论文)指导手册 土建卷(修订版)[M]. 北京:高等教育出版社,经济日报出版社,2007.

3. 赵青,李海涛. 土木工程专业毕业设计指南(道路桥梁工程方向)[M]. 武汉:武汉大学出版社,2014.

4. 中国水利水电第十一工程局有限公司. 高速公路工程施工技术与实例[M]. 北京:中国铁道出版社,2017.

5. 金仲秋. 公路工程[M]. 3版. 北京:人民交通出版社股份有限公司,2015.

6. 李绪梅,陈烈. 公路工程项目管理[M]. 3版. 北京:人民交通出版社股份有限公司,2015.

7. 中华人民共和国交通运输部. 公路工程施工安全技术规范:JTG F90—2015[S]. 北京:人民交通出版社股份有限公司,2015.

8. 全国信息与文献标准化技术委员会. 信息与文献 参考文献著录规则:GB/T 7714—2015[S]. 北京:中国标准出版社,2015.

10.2 施工组织设计(方案)编制类

1. 中华人民共和国住房和城乡建设部. 市政工程施工组织设计规范:GB/T 50903—2013[S]. 北京:中国建筑工业出版社,2013.

2. 中国建筑第八工程局有限公司. 施工组织设计编制与管理标准:ZJQ 08 - SGJB 001—2017[S]. 北京:中国建筑工业出版社,2017.

3. 中国铁路总公司. 铁路工程施工组织设计规范:Q/CR 9004—2018[S]. 北京:中国铁道出版社,2018.

4. 中华人民共和国住房和城乡建设部. 建筑施工组织设计规范:GB/T 50502—2009[S]. 北京:中国建筑工业出版社,2009.

5. 汪国凡. 公路工程施工组织设计与施工管理规范用表实务全书[M]. 北京:人民交通出版社股份有限公司,2015.

6. 中华人民共和国交通运输部. 公路路基设计规范:JTG D30—2015[S]. 北京:人民交通出版社股份有限公司,2015.

7. 中华人民共和国交通运输部. 公路路基施工技术规范:JTG F10—2006[S]. 北京:

人民交通出版社,2006.

8. 中华人民共和国交通运输部. 公路软土地基路堤设计与施工技术细则:JTG/T D31 - 02—2013[S]. 北京:人民交通出版社,2013.

9. 中华人民共和国交通运输部. 公路水泥混凝土路面设计规范:JTG D40—2011[S]. 北京:人民交通出版社,2011.

10. 中华人民共和国交通运输部. 公路沥青路面设计规范:JTG D50—2017[S]. 北京:人民交通出版社股份有限公司,2017.

11. 中华人民共和国交通运输部. 公路路面基层施工技术细则:JTG/T F20—2015[S]. 北京:人民交通出版社股份有限公司,2015.

12. 中华人民共和国交通运输部. 公路水泥混凝土路面施工技术细则:JTG/T F30—2014[S]. 北京:人民交通出版社股份有限公司,2014.

13. 中华人民共和国交通运输部. 公路沥青路面施工技术规范:JTG F40—2004[S]. 北京:人民交通出版社,2004.

14. 艾冰,陆勇. 公路工程施工组织与概预算[M]. 北京:高等教育出版社,2016.

15. 满洪高,秦溱. 桥梁上部施工技术[M]. 北京:高等教育出版社,2012.

16. 秦溱,段树梅. 桥梁下部施工技术[M]. 北京:高等教育出版社,2011.

17. 中华人民共和国交通运输部. 公路桥涵施工技术规范:JTG/T F50—2011[S]. 北京:人民交通出版社,2011.

18. 中华人民共和国交通运输部. 公路隧道施工技术规范:JTG F60—2009[S]. 北京:人民交通出版社,2009.

19. 中华人民共和国交通运输部. 公路隧道施工技术细则:JTG/T F60—2009[S]. 北京:人民交通出版社,2009.

20. 中华人民共和国交通运输部. 公路桥涵设计通用规范:JTG D60—2015[S]. 北京:人民交通出版社股份有限公司,2015.

21. 中华人民共和国交通运输部. 公路桥涵地基与基础设计规范:JTG D63—2007[S]. 北京:人民交通出版社,2007.

22. 中华人民共和国交通运输部. 公路隧道照明设计细则:JTG/T D70/2 - 01—2014[S]. 北京:人民交通出版社股份有限公司,2014.

23. 况世华. 隧道工程技术[M]. 北京:高等教育出版社,2009.

24. 宋秀清,刘杰. 隧道施工[M]. 2 版. 北京:人民交通出版社股份有限公司,2014.

25. 战启芳,杨石柱. 地铁车站施工[M]. 北京:人民交通出版社,2011.

26. 刘志,刘创明. 路基工程施工技术[M]. 北京:人民交通出版社,2010.

27. 赵毅,李中秋. 路面施工技术[M]. 北京:人民交通出版社股份有限公司,2016.

10.3　工程检验类

1. 中华人民共和国交通运输部. 公路工程质量检验评定标准 第一册 土建工程:JTG F80/1—2017[S]. 北京:人民交通出版社股份有限公司,2018.

2. 中华人民共和国交通运输部. 公路路基路面现场测试规程:JTG E60—2008[S]. 北京:人民交通出版社,2008.

3. 和松.《公路路基路面现场测试规程》释义手册[M]. 北京:人民交通出版社,2008.

4. 交通部公路科学研究院. 公路土工试验规程:JTG E40—2007[S]. 北京:人民交通出版社,2007.

5. 金桃,张美珍. 公路工程检测技术[M]. 5 版. 北京:人民交通出版社股份有限公司,2015.

6. 王立军,陈晓明. 道路工程检测[M]. 北京:人民交通出版社股份有限公司,2015.

7. 张超,支喜兰. 公路水运工程试验检测专业技术人员职业资格考试用书(道路工程)[M]. 北京:人民交通出版社股份有限公司,2018.

8. 赵梓伶. 工程岩土[M]. 北京:人民交通出版社股份有限公司,2014.

9. 彭富强. 公路养护技术与管理[M]. 3 版. 北京:人民交通出版社股份有限公司,2015.

10. 颜安平,孙文友,钟永兵,等. 城镇道路工程施工与质量验收规范实施手册[M]. 北京:中国建筑工业出版社,2010.

11. 中华人民共和国住房和城乡建设部. 城镇道路工程施工与质量验收规范:CJJ 1—2008[S]. 北京:中国建筑工业出版社,2008.

12. 河南省住房和城乡建设厅. 城市道路检测技术[M]. 郑州:黄河水利出版社,2014.

13. 中华人民共和国交通运输部. 公路工程沥青及沥青混合料试验规范:JTG E20—2011[S]. 北京:人民交通出版社,2011.

14. 中华人民共和国交通部. 公路工程水泥及水泥混凝土试验规程:JTG E30—2005[S]. 北京:人民交通出版社,2005.

15. 中华人民共和国交通部. 公路工程岩石试验规程:JTG E41—2005[S]. 北京:人民交通出版社,2005.

16. 中华人民共和国交通部. 公路工程集料试验规程:JTG E42—2005[S]. 北京:人民交通出版社,2005.

17. 中华人民共和国交通部. 公路工程土工合成材料试验规程:JTG E50—2006[S]. 北京:人民交通出版社,2006.

18. 中华人民共和国交通运输部. 公路工程无机结合料稳定材料试验规程:JTG E51—2009[S]. 北京:人民交通出版社,2009.

19. 中华人民共和国交通运输部. 公路路面技术状况自动化检测规程:JTG/T E61—2014[S]. 北京:人民交通出版社股份有限公司,2014.

20. 中华人民共和国住房和城乡建设部. 城市桥梁工程施工与质量验收规范:CJJ 2—2008[S]. 北京:中国建筑工业出版社,2008.

10.4　工程测量类

1. 中华人民共和国交通部. 公路勘测规范:JTG C10—2007[S]. 北京:人民交通出版社,2007.

2. 中华人民共和国交通部. 公路勘测细则:JTG/T C10—2007[S]. 北京:人民交通出版社,2007.

3. 中华人民共和国交通运输部. 公路工程卫星图像测绘技术规程:JTG/T C21-02—2014[S]. 北京:人民交通出版社股份有限公司,2014.

4. 李强,余培杰,郑现菊. 工程测量[M]. 北京:东北师范大学出版社,2016.

5. 中华人民共和国住房和城乡建设部. 工程测量基本术语标准:GB/T 50228—2011[S]. 北京:中国计划出版社,2011.

6. 中华人民共和国住房和城乡建设部. 城市轨道交通工程测量规范:GB/T 50308—2017[S]. 北京:中国建筑工业出版社,2017.

7. 中华人民共和国住房和城乡建设部. 卫星定位城市测量技术规范:CJJ/T 73—2010[S]. 北京:中国建筑工业出版社,2010.

8. 中华人民共和国住房和城乡建设部. 城市测量规范:CJJ/T 8—2011[S]. 北京:中国建筑工业出版社,2011.

9. 中华人民共和国建设部,中华人民共和国国家质量监督检验检疫总局. 工程测量规范:GB 50026—2007[S]. 北京:中国计划出版社,2008.

10. 全国地理信息标准化技术委员会. 国家三、四等水准测量规范:GB/T 12898—2009[S]. 北京:中国标准出版社,2009.

11. 全国地理信息标准化技术委员会. 国家基本比例尺地图图式　第 1 部分:1:500　1:1 000　1:2 000 地形图图式:GB/T 20257.1—2017[S]. 北京:中国标准出版社,2017.

10.5　工程造价、招投标类

1. 刘钦. 工程招投标与合同管理[M]. 北京:高等教育出版社,2015.

2. 危道军. 招投标与合同管理实务[M]. 北京:高等教育出版社,2018.

3. 姜仁安. 公路工程造价与招投标[M]. 北京:北京邮电大学出版社,2015.

4. 中华人民共和国交通运输部. 公路工程建设项目投资估算编制办法:JTG 3820—2018[S]. 北京:人民交通出版社股份有限公司,2018.

5. 中华人民共和国交通运输部. 公路工程建设项目概算预算编制办法:JTG 3830—2018[S]. 北京:人民交通出版社股份有限公司,2018.

6. 中华人民共和国交通运输部. 公路工程估算指标:JTG/T 3821—2018[S]. 北京:人民交通出版社股份有限公司,2018.

7. 中华人民共和国交通运输部. 公路工程概算定额(上、下册):JTG/T 3831—2018[S]. 北京:人民交通出版社股份有限公司,2019.

8. 中华人民共和国交通运输部. 公路工程预算定额(上、下册):JTG/T 3832—2018[S]. 北京:人民交通出版社股份有限公司,2019.

9. 交通运输部路网监测与应急处置中心 方申,尹如军.《公路工程机械台班费用定额》释义手册[M]. 北京:人民交通出版社股份有限公司,2019.

10. 交通部公路工程定额站. 公路工程预算定额释义手册[M]. 北京:人民交通出版社股份有限公司,2019.

11. 中华人民共和国交通运输部. 公路工程机械台班费用定额:JTG/T 3833—2018[S]. 北京:人民交通出版社股份有限公司,2019.

12. 交通公路工程定额站. 公路工程施工定额(2009 版)[M]. 北京:人民交通出版社,2009.

13. 中华人民共和国交通运输部. 公路工程建设项目造价文件管理导则:JTG 3810—2017[S]. 北京:人民交通出版社股份有限公司,2017.

14. 中华人民共和国交通运输部. 公路隧道养护工程预算定额:JTG/T M72－01—2017[S]. 北京:人民交通出版社股份有限公司,2017.

15. 中华人民共和国交通运输部. 公路工程标准施工招标资格预审文件(2018 年版):9787114144912[S]. 北京:人民交通出版社股份有限公司,2018.

16. 中华人民共和国交通运输部. 公路工程标准施工招标文件(2018 年版 · 第一册)9787114144929[S]. 北京:人民交通出版社股份有限公司,2018.

17. 中华人民共和国交通运输部. 公路工程标准施工招标文件(2018 年版 · 第二册)9787114144936[S]. 北京:人民交通出版社股份有限公司,2018.

18. 邵国霞,曹政国. 铁路工程定额与概预算[S]. 北京:中国铁道出版社,2007.

19. 陆春其. 公路工程造价[M]. 北京:人民交通出版社,2002.

20. 袁建新. 市政工程计量与计价[M]. 3 版. 北京:中国建筑工业出版社,2014.

附录1 毕业设计用表

____届毕业设计任务书

<table>
<tr><td>设计题目</td><td colspan="5"></td></tr>
<tr><td>指导老师</td><td colspan="5"></td></tr>
<tr><td>学生姓名</td><td></td><td>学号</td><td></td><td>专业</td><td></td></tr>
<tr><td>目的与任务</td><td colspan="5"></td></tr>
<tr><td>参考资料</td><td colspan="5"></td></tr>
</table>

进度安排	
预期成果及表现形式	
教研室主任审签	年　月　日
系主任审签	年　月　日

毕业设计过程检查表(第1次)

<table>
<tr><td>课题名称</td><td colspan="5"></td></tr>
<tr><td>学生姓名</td><td></td><td>学号</td><td></td><td>专业班级</td><td></td></tr>
<tr><td>指导老师</td><td colspan="5"></td></tr>
<tr><td>毕业设计
的进度
检查</td><td colspan="5"></td></tr>
<tr><td>目前已经
完成的
内容</td><td colspan="5"></td></tr>
<tr><td>尚须完成
的内容</td><td colspan="5"></td></tr>
<tr><td>存在的问题
和拟采用
的方法</td><td colspan="5"></td></tr>
<tr><td>指导老师
意见</td><td colspan="5">

签名:　　　　　　　年　　月　　日</td></tr>
</table>

注:指导老师应定期对学生完成进度及阶段性成果进行检查,且不少于3次。

毕业设计过程检查表(第 2 次)

课题名称					
学生姓名		学号		专业班级	
指导老师					
毕业设计的进度检查					
目前已经完成的内容					
尚须完成的内容					
存在的问题和拟采取的方法					
指导老师意见	签名:　　　　年　　月　　日				

注:指导老师应定期对学生完成进度及阶段性成果进行检查,且不少于 3 次。

毕业设计过程检查表(第3次)

课题名称					
学生姓名		学号		专业班级	
指导老师					
毕业设计的进度检查					
目前已经完成的内容					
尚须完成的内容					
存在的问题和拟采取的方法					
指导老师意见	签名:　　　　年　　月　　日				

注:指导老师应定期对学生完成进度及阶段性成果进行检查,且不少于3次。

毕业设计答辩申请表

<table>
<tr><td>课题名称</td><td colspan="5"></td></tr>
<tr><td>学生姓名</td><td></td><td>学号</td><td></td><td>专业班级</td><td></td></tr>
<tr><td>指导老师</td><td colspan="5"></td></tr>
<tr><td>申请理由</td><td colspan="5"></td></tr>
<tr><td>是否完成毕业设计空间建设</td><td colspan="5">是 □　　　　否 □</td></tr>
<tr><td>过程成绩评定</td><td colspan="5"></td></tr>
<tr><td>是否同意答辩</td><td colspan="5">是 □　　　　修改后答辩 □　　　　否(说明理由)□</td></tr>
<tr><td>指导老师签名</td><td colspan="5">年　　月　　日</td></tr>
</table>

毕业设计答辩成绩表

课题名称					
学生姓名		学号		专业班级	
指导老师					
提问					
学生回答					
答辩评语	1. 学生陈述问题思路：□清晰 □较清晰 □不清晰 2. 毕业设计成果： □完整 □需补充 □不完整 3. 回答问题： □正确 □部分正确 □错误 □经提示后能做出回答 □未回答 其他：				
答辩成绩					
答辩教师签名	年 月 日				

毕业设计总成绩评定表

<table>
<tr><td>课题名称</td><td colspan="5"></td></tr>
<tr><td>学生姓名</td><td></td><td>学号</td><td></td><td>专业班级</td><td></td></tr>
<tr><td>指导老师</td><td colspan="5"></td></tr>
<tr><td>是否通过答辩</td><td colspan="5">通过□　不通过□　其他(说明理由)□</td></tr>
<tr><td rowspan="6">成绩计算</td><td rowspan="2">类别</td><td colspan="2">评定</td><td rowspan="2">总成绩</td></tr>
<tr><td>权重(%)</td><td>成绩</td></tr>
<tr><td>平时</td><td></td><td></td><td rowspan="4"></td></tr>
<tr><td>过程考核</td><td></td><td></td></tr>
<tr><td>答辩</td><td></td><td></td></tr>
<tr><td>成果及上传</td><td></td><td></td></tr>
<tr><td>指导老师签名</td><td colspan="5">年　月　日</td></tr>
<tr><td>系部意见</td><td colspan="5">是否推荐为优秀毕业设计：
是□(说明理由)
否□
盖章：
年　月　日</td></tr>
</table>

附录2　毕业设计排版示例

××职业技术学院

×××专业毕业设计

××隧道K3+575~K3+675段施工组织设计

文件编制

班　　级：××××班

学　　号：×××

姓　　名：×××

指导老师：×××、×××、×××

××年××月

双山隧道 K3 + 575 ~ K3 + 675 段施工组织设计文件编制

班　　级：××××班

学　　号：×××

姓　　名：×××

指导老师：×××、×××、×××

总 成 绩：×××

目 录

第一章 工程概况

第一节 编制依据

一、编制依据

(一)编制原则

1.机构投资与机构投资者

所谓机构投资者,指在证券市场上,保险基金、养老基金和证券投资基金等以机构身份从事证券投资的投资者。机构投资则是机构投资者在证券市场的投资行为。它通常具有集中性、专业性、长期性的特点,比较注重理性投资和长期投资,被认为是稳定股市的重要力量。

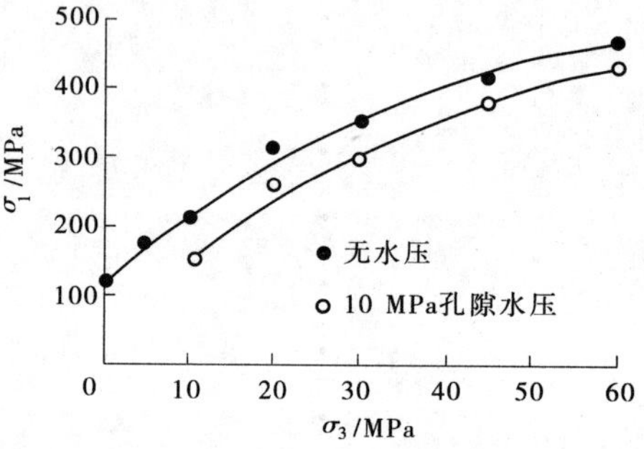

图1-1 单图示例

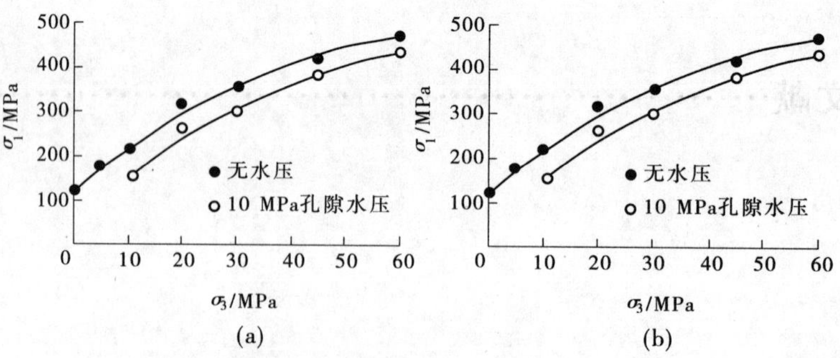

图1-2 多图示例

表 1-1　三线表示例 1

序号	质量(g)	体积(cm^3)	密度(g/cm^3)
1	10.0	100	0.10
2	10.1	101	0.10
3	10.2	101	0.10

表 1-2　三线表示例 2　g/cm^3

编号	质量分数			
	N_i	C_r	M_o	C_u
5	49.881	14.695	11.365	1.605
预测值	51.734	16.962	11.211	1.661
12	50.514	16.691	14.071	0.912
预测值	51.171	17.509	13.048	0.415
16	50.290	19.164	6.480	1.308
预测值	50.826	18.104	7.813	1.333
17	57.168	19.655	14.732	1.353
预测值	59.891	20.107	12.163	1.403

煤柱屈服区内裂隙面上的剪应力 τ 为

$$\tau = \pi G_s B / u_0 \tag{1-1}$$

式中:G_s 为初始剪切模量;B 为……;u_0 为……。

⋮

参考文献

[1] 汪国凡. 公路工程施工组织设计与施工管理规范用表实务全书[M]. 北京:人民交通出版社股份有限公司,2015.

[2] 中华人民共和国交通运输部. 公路路基设计规范:JTG D30—2015[S]. 北京:人民交通出版社股份有限公司,2015.

[3] 刘东燕. 断续节理岩体的压剪断裂及其强度特性研究[D]. 重庆:重庆建筑大学,1993.

[4] 许某某,史某某,张某某,等. 文章名[J]. 岩石力学与工程学报,2003,22(1):117-122.

[5] 许东俊,史永胜,张百发,等. 书或论文集中的文章[C]// 张三,李四,王五,等. 第6次某会议论文集. 上海:商务出版社,1996:259-264.

⋮

参考文献

[1] 教育部高等教育司,北京市教育委员会. 高等学校毕业设计(论文)指导手册 土建卷(修订版)[M]. 北京:高等教育出版社,经济日报出版社,2007.

[2] 赵青,李海涛. 土木工程专业毕业设计指南(道路桥梁工程方向)[M]. 武汉:武汉大学出版社,2014.

[3] 中华人民共和国住房和城乡建设部. 市政工程施工组织设计规范:GB/T 50903—2013[S]. 北京:中国建筑工业出版社,2013.

[4] 中国建筑第八工程局有限公司. 施工组织设计编制与管理标准:ZJQ 08 - SGJB 001—2017[S]. 北京:中国建筑工业出版社,2017.

[5] 中国铁路总公司. 铁路工程施工组织设计规范:Q/CR 9004—2018[S]. 北京:中国铁道出版社,2018.

[6] 中华人民共和国住房和城乡建设部. 建筑施工组织设计规范:GB/T 50502—2009[S]. 北京:中国建筑工业出版社,2009.

[7] 汪国凡. 公路工程施工组织设计与施工管理规范用表实务全书[M]. 北京:人民交通出版社股份有限公司,2015.

[8] 中华人民共和国交通运输部. 公路路基施工技术规范:JTG F10—2006[S]. 北京:人民交通出版社,2006.

[9] 中华人民共和国交通运输部. 公路路面基层施工技术细则:JTG/T F20—2015[S]. 北京:人民交通出版社股份有限公司,2015.

[10] 中华人民共和国交通运输部. 公路水泥混凝土路面施工技术细则:JTG/T F30—2014[S]. 北京:人民交通出版社股份有限公司,2014.

[11] 中华人民共和国交通运输部. 公路沥青路面施工技术规范:JTG F40—2004[S]. 北京:人民交通出版社,2004.

[12] 中华人民共和国交通运输部. 公路桥涵施工技术规范:JTG/T F50—2011[S]. 北京:人民交通出版社,2011.

[13] 中华人民共和国交通运输部. 公路隧道施工技术规范:JTG F60—2009[S]. 北京:人民交通出版社,2009.

[14] 中华人民共和国交通运输部. 公路隧道施工技术细则:JTG/T F60—2009[S]. 北京:人民交通出版社,2009.

[15] 中华人民共和国交通运输部. 公路工程质量检验评定标准 第一册 土建工程:JTG F80/1—2017[S]. 北京:人民交通出版社股份有限公司,2018.

[16] 中华人民共和国交通运输部. 公路路基路面现场测试规程:JTG E60—2008[S]. 北京:人民交通出版社,2008.

[17] 和松.《公路路基路面现场测试规程》释义手册[M]. 北京:人民交通出版社,2008.

[18] 交通部公路科学研究院. 公路土工试验规程:JTG E40—2007[S]. 北京:人民交通出版社,2007.

[19] 颜安平,孙文友,钟永兵,等. 城镇道路工程施工与质量验收规范实施手册[M]. 北京:中国建

筑工业出版社,2010.

[20] 中华人民共和国住房和城乡建设部. 城镇道路工程施工与质量验收规范:CJJ 1—2008[S]. 北京:中国建筑工业出版社,2008.

[21] 河南省住房和城乡建设厅. 城市道路检测技术[M]. 郑州:黄河水利出版社,2014.

[22] 中华人民共和国交通部. 公路勘测规范:JTG C10—2007[S]. 北京:人民交通出版社,2007.

[23] 中华人民共和国交通部. 公路勘测细则:JTG/T C10—2007[S]. 北京:人民交通出版社,2007.

[24] 中华人民共和国交通运输部. 公路工程建设项目投资估算编制办法:JTG 3820—2018[S]. 北京:人民交通出版社股份有限公司,2018.

[25] 中华人民共和国交通运输部. 公路工程建设项目概算预算编制办法:JTG 3830—2018[S]. 北京:人民交通出版社股份有限公司,2019.

[26] 中华人民共和国交通运输部. 公路工程估算指标:JTG/T 3821—2018[S]. 北京:人民交通出版社股份有限公司,2018.

[27] 中华人民共和国交通运输部. 公路工程概算定额(上、下册):JTG/T 3831—2018[S]. 北京:人民交通出版社股份有限公司,2019.

[28] 中华人民共和国交通运输部. 公路工程预算定额(上、下册):JTG/T 3832—2018[S]. 北京:人民交通出版社股份有限公司,2019.

[29] 交通公路工程定额站. 公路工程施工定额(2009 版)[M]. 北京:人民交通出版社,2009.

[30] 中华人民共和国交通运输部. 公路工程建设项目造价文件管理导则:JTG 3810—2017 [S]. 北京:人民交通出版社股份有限公司,2017.

[31] 中华人民共和国交通运输部. 公路隧道养护工程预算定额:JTG/T M72 - 01—2017[S]. 北京:人民交通出版社股份有限公司,2017.

[32] 中华人民共和国交通运输部. 公路工程标准施工招标资格预审文件(2018 年版):9787114144912[S]. 北京:人民交通出版社股份有限公司,2018.

[33] 中华人民共和国交通运输部. 公路工程标准施工招标文件(2018 年版 · 第一册):9787114144929[S]. 北京:人民交通出版社股份有限公司,2018.

[34] 中华人民共和国交通运输部. 公路工程标准施工招标文件(2018 年版 · 第二册):9787114144936[S]. 北京:人民交通出版社股份有限公司,2018.

[35] 全国信息与文献标准化技术委员会. 信息与文献 参考文献著录规则:GB/T 7714—2015[S]. 北京:中国标准出版社,2015.